Njikam Aboubacar Sidik Lacatus
Seino Richard Akwanjoh
Taku Awa II

Alteração do coberto vegetal e deterioração do habitat

Njikam Aboubacar Sidik Lacatus
Seino Richard Akwanjoh
Taku Awa II

Alteração do coberto vegetal e deterioração do habitat

Tagarela de garganta branca (Kupeornis gilberti)
no Parque Nacional de Bakossi

ScienciaScripts

Imprint

Any brand names and product names mentioned in this book are subject to trademark, brand or patent protection and are trademarks or registered trademarks of their respective holders. The use of brand names, product names, common names, trade names, product descriptions etc. even without a particular marking in this work is in no way to be construed to mean that such names may be regarded as unrestricted in respect of trademark and brand protection legislation and could thus be used by anyone.

Cover image: www.ingimage.com

This book is a translation from the original published under ISBN 978-620-6-71110-0.

Publisher:
Sciencia Scripts
is a trademark of
Dodo Books Indian Ocean Ltd. and OmniScriptum S.R.L publishing group

120 High Road, East Finchley, London, N2 9ED, United Kingdom
Str. Armeneasca 28/1, office 1, Chisinau MD-2012, Republic of Moldova, Europe
Printed at: see last page
ISBN: 978-620-7-74166-3

DEDICAÇÃO

Dedico-vos este trabalho:

- Ao meu pai Moungnutou Ibrahim e;
- À minha mãe Peyouonmiem Ramatou, que descanse em paz.

AGRADECIMENTOS

A elaboração deste documento foi possível graças à ajuda e ao apoio de muitas pessoas. Gostaria de agradecer a todos aqueles que contribuíram com o seu esforço físico, intelectual e emocional para a sua produção.

Em primeiro lugar, agradeço a Alá Todo-Poderoso (Deus) o sopro da vida, o seu amor e a sua fidelidade.

Gostaria de expressar a minha imensa gratidão a todas as autoridades académicas e administrativas e a todo o pessoal docente da Universidade de Dschang pela qualidade do apoio que me deram ao longo dos últimos cinco anos.

Os meus sinceros agradecimentos:

- Ao meu supervisor, Professor Seino Richard Akwanjoh, que aceitou liderar e dirigir este trabalho do princípio ao fim. Além disso, as suas qualidades humanas e o seu amor por um trabalho bem feito merecem respeito e admiração. Que ele tenha a certeza da minha gratidão;
- Dr. Taku Awa II, professor do Departamento de Biologia Animal da Faculdade de Ciências da Universidade de Dschang, pelo seu empenhamento e apoio pessoal;
- A todos os professores do Departamento de Biologia Animal, a quem agradeço os vários contributos para a minha formação;
- Ngouh Amadou, doutorando da Faculdade de Agronomia e Ciências Agrárias, que me ajudou a obter as imagens do satélite Landsat;
- Ao meu antecessor académico, Francis Guetse, que me orientou desde a fase de recolha de dados até à redação do presente documento;
- A Guilain Tsetago, estudante de doutoramento no Departamento de Biologia Animal, que deu um contributo importante para a melhoria da qualidade deste documento;
- A todos os meus licenciados: Wongibé Poupezo Dieudonné, Kenfack Assuna Melerine, Tenonfo Ngouefack Sophie Rella, Meka Mbiézié Mesmine, Petnga Alex Stephane, Tigumung Cyril, Ntene Sob Branly e Fofie Marissa;
- Ao meu guia de campo, Sr. Claude;
- Ao meu tutor, Sr. Nkoma Adamou, e às suas mulheres: Dawouo Abiba e Lounga Mariatou, que a paz esteja com eles.
- A todos os filhos da família Nkoma Adamou
- À minha avó Ayiagnigni Maimouna;

- À minha sogra Kpouyié Alima;

- À minha noiva Betche Michele Doriane, a mãe da minha filha;

- Para a minha filha Njikam Weladji Nahila Lyana

- A todos os meus irmãos e irmãs: Liefouyoum zoukifilou, Awouoyiégnigni Chadoure Adamou, Nzinah Adja Alima Ladouce e Lijouom Afsa Dairou;

- A população de Bakossi pela sua hospitalidade durante a fase de campo;

- À minha tia Yenou Awawou e aos seus filhos;

- Todos aqueles que me ajudaram de alguma forma neste trabalho.

ÍNDICE S

LISTA DE ABREVIATURAS

BEPC: Brevet d'étude du premier cycle (Certificado de Estudos do Primeiro Ciclo)

BUCREP: Serviço Central de Recenseamento e Estudos de População

BNP: Parque Nacional de Bakossi

CARPE: Programa Regional da África Central para o Ambiente.

CBD: Convenção sobre a Diversidade Biológica

CEP: Certificado do Ensino Primário

CDC: Cameroon development coorporation (corporação de desenvolvimento dos Camarões)

COMIFAC: Comissão das Florestas da África Central

EBA: Zonas de aves endémicas

UE: União Europeia

FAO: Food and agriculture organization ou organisation des nations unies pour l'alimentation et l'agriculture.

GFRA: Avaliação global dos recursos florestais

GPS: Sistema de Posicionamento Global

CCI: Centro Comum de Investigação CE-CCI (Comissão Europeia - Centro Comum de Investigação).

MINFOF: Ministério das Florestas e da Fauna

MINEF: Ministério do Ambiente e da Vida Selvagem

ONG: Organização não governamental

PARCC: Áreas protegidas resilientes às alterações climáticas

PNB: Parque Nacional de Bakossi

SCBD: Secretariado da Convenção sobre a Diversidade Biológica.

GIS: Sistema de Informação Geográfica.

TAGB: Tagarela de garganta branca

IUCN: União Internacional para a Conservação da Natureza.

WTMB: Tagarela de garganta branca da montanha

RESUMO

A toutinegra-de-bico-branco (*Kupeornis gilberti*) é classificada como uma das espécies de aves "ameaçadas" menos estudadas no mundo (IUCN 2014, Birdlife international 2016). É endémica do Parque Nacional de Bakossi (BNP), onde enfrenta ameaças como a agricultura e a degradação do habitat. A falta de informação sobre esta espécie chamou a nossa atenção para a taxa de alteração do seu habitat, bem como para os factores que influenciam a sua probabilidade de ocorrência devido a estas ameaças. Durante o período de dezembro de 2017 a janeiro de 2018, foram recolhidos dados em seis locais. Em cada um dos pontos, procurámos a presença ou ausência da espécie. Além disso, foi utilizado o Sistema de Informação Geográfica (SIG) e sensoriamento remoto para avaliar as mudanças na cobertura vegetal entre 2006 e 2018, utilizando imagens de satélite Landsat de 2006 e 2018, e classificar os tipos de cobertura de acordo com as mudanças entre 2006 e 2018. O estudo mostrou que a população remanescente de tagarela-de-bico-branco (TAGB) está distribuída principalmente em florestas densas e é frequentemente observada em florestas secundárias. A sua probabilidade de encontro aumenta significativamente na floresta primária (75%) e na floresta secundária (25%). No entanto, a sua probabilidade de encontro aumenta significativamente nas florestas primárias e secundárias, mas é nula nas savanas e campos de cultivo. Durante o mesmo período, verificámos uma perda de 13% da cobertura florestal densa (de 79,41 para 66,41%) devido ao efeito da desflorestação, um aumento da cobertura florestal secundária (de 17,89 para 31,17%) e das actividades humanas (de 0,42 para 0,82%). Este aumento da superfície deve-se à conversão do coberto florestal em plantações industriais e infra-estruturas. Por fim, registámos uma perda de superfície de savana (de 1,12 para 0,77%) e de solo nu (de 1,16 para 0,83%) devido ao efeito dos incêndios florestais. Esta perda de área florestal a baixa altitude é justificada pela criação de plantações e infra-estruturas em torno da faixa do PNB. O crescimento das plantações e a desflorestação estão a provocar a conversão do coberto florestal em agricultura e a perda de habitat para os animais selvagens. Para atenuar as ameaças responsáveis pela perda de habitat da toutinegra-de-bico-branco, propomos: a demarcação do PNB, o reforço das patrulhas e o incentivo à agricultura sustentável.

Palavras-chave: Babuíno de garganta branca, GIS, deteção remota, copa das árvores, landsat , Parque Nacional de Bakossi, Camarões.

CAPÍTULO I: INTRODUÇÃO

1- Contexto

Entre as ameaças que contribuem para a erosão da biodiversidade atualmente, a degradação dos habitats e a desflorestação representam, por si só, até 85% da perda de biodiversidade (IUCN 2016). Destes, 30% dos anfíbios, 23% dos mamíferos e 12% das aves estão ameaçados (Vié *et al.;* 2008). As áreas protegidas são, desde há muito, utilizadas como uma das principais estratégias de conservação das espécies e dos ecossistemas. No entanto, estão cada vez mais ameaçadas pelas alterações climáticas, que estão agora a ser exacerbadas por outras pressões antropogénicas (Impact of Climate Change on Biodiversity and Protected Areas in West Africa, PARCC). A destruição e a degradação direta dos habitats através da utilização dos solos e das alterações do coberto vegetal estão entre as ameaças mais significativas e imediatas à biodiversidade (Titeu *et al.;* 2016). [e]As pressões agrícolas e a fragmentação dos habitats têm sido a causa da perda de várias espécies de passeriformes ao longo da metade do século 20, ocorrendo principalmente nos caniçais periféricos cujas características (superfícies e isolamento dos fragmentos) de acordo com Mariano P 2008.

As florestas da bacia do Congo são o segundo maior ecossistema de floresta tropical a seguir à floresta amazónica. A sua superfície é estimada em cerca de 200 milhões de hectares, ou seja, quase 91% das florestas tropicais densas de África. Estas florestas contêm uma biodiversidade extraordinária que oferece um potencial inestimável para o desenvolvimento socioeconómico da região (CARPE, 2006; COMIFAC, 2009). Na Cimeira de Yaoundé, em 1999, os Chefes de Estado da África Central acordaram em examinar os problemas associados à conservação e à gestão sustentável dos ecossistemas florestais da África Central (NGONO, 2014). A gestão sustentável das florestas e/ou das áreas protegidas (AP) é um meio de conservar os benefícios para as gerações actuais e futuras em muitos países do mundo, mas não é esse o caso devido às alterações da cobertura vegetal (Nagendra 2008; FAO, 2015). Em alguns países, o problema deve-se à ausência de uma política florestal adequada, à não aplicação da lei florestal e à falta de estrutura: é o caso dos Camarões. Atualmente, a conservação enfrenta muitos desafios, como a desflorestação, a degradação dos solos e a pobreza (Mukete *et al.;* 2018b). As florestas tropicais estão entre os ecossistemas mais degradados do planeta, devido à conversão de áreas florestais em terras agrícolas (Achard et al.; 2002; Stork *et al.;* 2009), particularmente em África (Lepers *et al.;* 2005; Mayaux *et al.;* 2005).

Em África, o crescimento da população é uma das principais causas destas alterações (Bawa e Dayanandan 1997; Bamba *et al.;* 2010), para não falar da procura crescente de madeira para exportação, segundo Oyono *et al.* (2005). Atualmente, a deteção remota e os SIG (sistemas de informação geográfica) estão entre os métodos mais procurados para estudos ecológicos centrados na alteração do habitat das espécies, permitindo poupar tempo, operações menos dispendiosas e mais rápidas e a avaliação da alteração da paisagem em grandes áreas (Gottschalk *et al.;* 2004; Loveland e Dwyer, 2012; Hansen *et al.;* 2013).

As espécies endémicas e ameaçadas, como a toutinegra-de-bico-branco (*Kupeornis gilberti*), são altamente vulneráveis à perda de habitat (Borrow e Demey **2004**; Birdlife international 2003; Norrow; hartz). É o caso desta espécie, que se especializa em florestas densas de montanha (Collar e Stuart, 1985).

O conhecimento dos factores responsáveis pelo declínio da população é de importância vital para a conservação da espécie.

2. Questões

A toutinegra-de-bico-branco é uma especialista florestal (Danjuma *et al.;* 2014) classificada como ameaçada de extinção de acordo com os critérios da Lista Vermelha da IUCN (IUCN, 2016). É endémica do Oeste (*área de aves endémicas*) dos Camarões e uma pequena franja da população foi observada no planalto de Obudu (*área de aves importantes*) na Nigéria, de acordo com Collar e Stuart; 1985. A literatura revela que o Monte Bakossi e os montes Rumpi são locais com uma elevada densidade populacional desta espécie (Dowsett Lemaire e Dowsett 1998d). Em 1998, a população de Bakossi foi estimada em vários milhares de indivíduos, com uma população preliminar entre 10.000 e 19.999 indivíduos. Mas apenas 6.667-13.333 indivíduos estavam maduros nas florestas de Bakossi, de acordo com Collar e Stuart 1985.

Estudos recentes apontam para uma extensa desflorestação nos últimos anos, tanto no planalto de Obudu (Danjuma *et al.;* 2014) como nas colinas de Rumpi (Tamungang *et al.;* 2014; Mukete *et al.;* 2018). Perante o crescimento exponencial das plantações industriais de óleo de palma, dos campos de café e cacau e da exploração de produtos de madeira, dos incêndios florestais, da pecuária intensiva e da agricultura, de acordo com (Linder *et al.;* 2011), há motivos de preocupação para uma espécie especialista em florestas como a toutinegra-de-bico-branco.

Embora Bakossi seja um local importante onde foi encontrada uma grande população, ainda não foi efectuado qualquer estudo para avaliar a alteração do habitat, a distribuição, o estado da população e a ecologia da espécie.

Este estudo avaliará o nível de alteração do habitat e os factores que causam a deterioração do habitat do Babuíno de Garganta Branca no Parque Nacional de Bakossi.

3-Perguntas de investigação

Devido à falta de dados sobre a conservação da toutinegra-de-bico-branco, existem questões importantes de preocupação em relação ao aumento das plantações agrícolas e à destruição das florestas:

i) Como é que o habitat da toutinegra-de-bico-branco mudou entre 2006 e 2018?

ii) Que agentes são responsáveis pela alteração do habitat da toutinegra-de-bico-branco?

iii) Que habitat utiliza a toutinegra de garganta branca?

4-Hipótese

i) Pensa-se que a área de distribuição da toutinegra-de-bico-branco tenha diminuído em resultado das actividades humanas. Muitas espécies selvagens são afectadas por alterações do uso do solo induzidas pelo homem em grandes escalas espaciais (Mather e Needle, 2000; Geist e Lambin, 2002; Jansen *et al.;* 2008).

ii) A criação do Parque Nacional de Bakossi teria abrandado a taxa de desflorestação nas montanhas de Bakossi, nos Camarões, dado o papel que as áreas protegidas desempenham na conservação da biodiversidade (IUCN/PACO, 2009).

5 Objectivos da investigação

5.1 Objectivos gerais

O presente estudo sobre a conservação do tagarela-de-bico-branco no Parque Nacional de Bakossi consistirá em avaliar a degradação do habitat e as ameaças à conservação do tagarela-de-bico-branco no Parque Nacional de Bakossi.

Objectivos específicos

i) Avaliar a evolução do coberto vegetal do Parque Nacional de Bakossi entre 2006 e 2018.

ii) Identifique os diferentes tipos de habitat utilizados pelo Babuíno de Garganta Branca e elabore um mapa da vegetação do Parque Nacional de Bakossi.

iii) Identifique as actividades humanas que ocorrem no Parque Nacional de Bakossi e que são responsáveis pela degradação do habitat da toutinegra de garganta branca.

6. Justificação do estudo

As espécies de aves africanas estão globalmente ameaçadas, mas os factores subjacentes ao declínio destas populações não são conhecidos (Birdlife international 2013). Os principais centros de abundância da toutinegra de garganta branca são o planalto de Obudu (Nigéria) e os montes Rumpi, Mont Kupé e Bakossi nos Camarões. As aves florestais endémicas são altamente vulneráveis à perda de habitat (Brooks *et al.;* 2001; Borrow e Demey 2004). A toutinegra-de-bico-branco é uma espécie endémica ameaçada, especializada em florestas de montanha, e está classificada como uma destas espécies. Não existe qualquer informação sobre a sua conservação. A atividade sempre crescente do sudoeste em busca de novas terras chama a nossa atenção em Bakossi porque as previsões de crescimento demográfico são verdadeiramente galopantes (BUCREP, 2010b), mas esta população depende essencialmente da agricultura.

Entre uma multiplicidade de métodos baseados em imagens de satélite temos: a deteção remota e os sistemas de informação geográfica (SIG). Os avanços nos SIG e na teledeteção ajudaram os ecologistas a avaliar a influência da configuração espacial do habitat nos processos ecológicos (Scott *et al.;* 1993; Johnston 1998, Millington *et al.;* 2002). Ambas as técnicas podem ser utilizadas para avaliar as alterações da diversidade biológica (Roy e Tomar 2008; Nagendra 2001), as alterações da ocupação do solo (Franklin *et al.;* 2000) e as alterações climáticas que conduzem à perda de habitat (Scott *et al.;* 1993; Kerr e Ostrovsky 2003).

Muitas espécies de aves especializadas em florestas são negativamente afectadas por perturbações florestais e as aves insectívoras desapareceram em algumas florestas fortemente transformadas (Sekercioglu *et al.;* 2002; Chace e Walsh 2006; Gove *et al.;* 2008, Danjuma *et al.*; 2014). Estudos semelhantes realizados no Planalto de Obudu, na Nigéria, e no Monte Kupé e Rumpi Hill, nos Camarões, duas áreas de abundância para a espécie (Birdlife International 2000), revelaram que a toutinegra-de-bico-branco parece ser uma espécie insectívora, especializada em florestas encontradas nas copas das florestas primárias em geral e, ocasionalmente, em florestas secundárias (Collar e Stuart 1985). Estávamos à procura de uma área onde este habitat pudesse ser encontrado. No entanto, os dois locais mais importantes para a toutinegra-de-bico-branco são os montes Bakossi e Rumpi, pois são as zonas com maior densidade florestal (Dowsett Lemaire e Dowsett 1998d). Este facto justifica a nossa escolha do local de estudo no Parque Nacional de Bakossi.

A toutinegra-de-bico-branco é uma espécie globalmente ameaçada, sedentária e endémica (Borrow e Demey, 2004) nos Camarões, e a sua população está em grave declínio. Este estudo sobre a deterioração do habitat do tagarela-de-bico-branco fornecerá informações sobre os efeitos das actividades humanas, as causas do seu declínio e os diferentes tipos de habitat frequentados por esta espécie.

7. Importância do estudo

O nosso estudo tem dois interesses: teórico e prático

❖ Interesse teórico

Este estudo fornece-nos informações úteis para a conservação da população remanescente da toutinegra de garganta branca nos Camarões. Permitir-nos-á compreender os diferentes tipos de habitat utilizados pela espécie, os factores responsáveis pela deterioração do seu habitat e as causas da alteração da paisagem na área de estudo. Os resultados deste estudo permitirão adotar iniciativas destinadas a conservar melhor a espécie.

❖ Interesse prático

Este trabalho fornece informações que irão solicitar ao Estado e ao Ministério das Florestas e da Fauna, em particular, a elaboração de um plano de gestão para o Parque Nacional de Bakossi, que servirá para elaborar programas de patrulhamento com o objetivo de pôr fim às actividades antrópicas levadas a cabo pela população local. Este trabalho convida o Estado a atrair as ONG para uma conservação efectiva do PNB.

CAPÍTULO II: REVISÃO DA LITERATURA E DEFINIÇÃO DE CONCEITOS

I.1 Abordagem teórica e concetual

Nesta secção, definimos os conceitos e os contornos que iremos utilizar:

Áreas protegidas de acordo com a definição actualizada da União Internacional para a Conservação da Natureza: uma área protegida é "um espaço geográfico claramente definido, reconhecido, dedicado e gerido, por quaisquer meios eficazes, legais ou outros, para assegurar a conservação a longo prazo da natureza e dos serviços ecossistémicos e valores culturais associados". Esta definição concisa enuncia os objectivos fundamentais das zonas protegidas: proteger e manter a biodiversidade (em três dimensões: específica, genética e ecossistémica), os recursos naturais, os países e os valores culturais conexos (Carole M e Patrick T 2012).

Parque nacional: área reservada para a conservação e propagação da fauna, da flora selvagem e da diversidade biológica, para a proteção de sítios, paisagens e formações geológicas de especial valor estético e para a investigação científica, a educação e o lazer do público (IUCN 1994).

Fragmentação: processo dinâmico de redução da superfície de um habitat e de separação em vários fragmentos através de barreiras (como infra-estruturas rodoviárias) ou da criação de manchas que não podem funcionar como habitat original para o atual conjunto de espécies. A fragmentação implica uma diminuição da área total do habitat e um aumento do isolamento das manchas individuais umas das outras. De acordo com Danjuma *et al* (2014); Wilcove *et al;* (1986).

A fragmentação do habitat é o processo de subdivisão de um habitat contínuo em partes mais pequenas, que ocorre em sistemas. Implica uma perda de habitat, uma redução do tamanho e um aumento da distância entre áreas isoladas, mas também um aumento de novos habitats (Henrik A, 1994).

Ecossistema, de acordo com a Convenção sobre a Diversidade Biológica: "um complexo dinâmico de comunidades de plantas, animais e microrganismos e o seu ambiente não vivo que interagem como uma unidade funcional".

Diversidade biológica: de acordo com o artigo 2º da Convenção sobre a Diversidade Biológica, a diversidade biológica é definida como a variabilidade entre os organismos vivos de todas as origens, incluindo os ecossistemas terrestres, marinhos e outros ecossistemas aquáticos e os complexos ecológicos de que fazem parte; isto inclui a diversidade dentro das espécies, entre espécies e dos ecossistemas (Pullin, 2002).

Utilização da terra: todas as actividades humanas diretamente relacionadas com a terra e que afectam os seus recursos. Conservação: é o aspeto da gestão que garante que a utilização dos recursos é sustentável e que os processos ecológicos e a diversidade genética essenciais para a sustentabilidade dos recursos em questão são preservados (agricultura, pesca, silvicultura e vida selvagem), de acordo com Arnold e Jongma (1977).

Paisagem: conjunto de ecossistemas que coexistem num espaço geográfico, segundo o léxico das áreas protegidas da África francófona. Deterioração: ação de danificar, estragar ou piorar, segundo o dicionário Larousse.

Cobertura do solo: categorização física, biológica e química da superfície terrestre. Exemplos: floresta, savana, etc. Habitat: o habitat é definido como um conjunto de recursos (alimento, abrigo) e de condições ambientais (bióticas e abióticas) que determinam a presença, o controlo e a reprodução de uma população (Gaillard *et al.;* 2009).

Extinção: o desaparecimento de uma espécie na Terra ou numa região geográfica (Malcolm e James, 2007).

Sistema de Informação Geográfica (SIG): um sistema de informação que permite criar, visualizar, pesquisar e analisar dados espaciais.

Deteção remota: técnica que consiste em captar e registar as ondas de energia electromagnética emitidas ou reflectidas pela superfície terrestre.

Geo-referenciação: a geo-referenciação envolve a utilização de coordenadas geográficas para atribuir uma localização espacial às características do mapa.

I-2. Quadro contextual

I-2-1. Alteração do uso do solo e perda de biodiversidade nas florestas tropicais

A alteração do uso do solo é a maior ameaça à biodiversidade terrestre nos trópicos (Sala *et al.;* 2000; Jetz *et al.;* 2007; Pekin e Pijanowski 2012). [2]As florestas tropicais são os habitats terrestres mais ricos, com 50% das espécies do mundo (Dirzo e Raven 2003; Wright 2005), mas 68 000 km de florestas tropicais perdem-se anualmente (FAO e JRC 2012). A fragmentação é a maior ameaça para os ecossistemas florestais (Bierregaard, Jnr. *et al.;* 2001). A fragmentação pode ocorrer naturalmente através do fogo (Pickett e Thompson, 1978), mas é a causa mais importante em grande escala, não esquecendo a expansão do uso da terra pelo homem (Burgess e Sharp, 1981). A fragmentação do habitat tem três componentes: perda do habitat original, redução da dimensão do habitat e aumento do isolamento do habitat fragmentado, contribuindo todos eles para uma diminuição da diversidade biológica no habitat original (Wilcox 1980; Wilcox e Murphy 1985). A degradação e a destruição de habitats devido a acções antropogénicas são as principais causas da redução da biodiversidade global (Brooks *et al.;* 2006). Nas florestas, a alteração da estrutura da vegetação e a fragmentação dos habitats através da desflorestação e da degradação florestal contam-se entre as principais ameaças que afectam a diversidade biológica (Sekercioglu 2002, Heikkinen *et al.;* 2004, Chace e Walsh 2006). As florestas de aves são particularmente susceptíveis a alterações na estrutura da vegetação. As florestas expandem-se devido à sua estrutura social complexa e à sua dependência da estrutura vertical da vegetação (Martin e Possingham, 2005; Davies e Asner 2014). A fragmentação afecta negativamente as espécies de aves (Danjuma *et al.;* 2014)

I-2-2 Panorâmica geral dos Bablins em geral

O termo Timalie (Babbler em inglês, phyllanthe ou Timalie em francês) foi utilizado pela primeira vez pelo britânico Dr. William Serle em 1949 (Birdlife international, 2016) para designar as grandes aves faladoras das florestas. Os Timalies são aves da classe Aves, ordem Passeriformes, família Leiothrichidae (Serle, 1949) ou família Timaliidae (Collar e Stuart 1985).

Em 1998, a zona de Bakossi, um dos locais mais importantes para a espécie nos Camarões, albergava várias centenas de indivíduos; como população preliminar, estima-se que a espécie tenha cerca de 10 000-19 999 indivíduos, dos quais 6 667-13 333 são adultos (Birdlife international 2014). No entanto, das 10 852 espécies registadas de todos os estatutos, a ordem Passeriformes totaliza 132 famílias e 6 454 espécies, enquanto a família Leiothrichidae tem 135 espécies (Gill *et al.*; 2013). Atualmente, a diversidade da avifauna dos Camarões está estimada em 928 espécies de aves no total, das quais 11 são endémicas e 8 são raras ou acidentais (Birdlife international, 2014). No entanto, a toutinegra de garganta branca é uma ave sedentária que foi observada em poucas localidades no oeste dos Camarões e no leste da Nigéria (Collar e Stuart, 1985). É uma ave de floresta de montanha que foi recolhida pela primeira vez no Monte Kupe e no planalto de Obudu a uma altitude de 1520 m (Collar e Stuart, 1985). Os números não são conhecidos, mas é geralmente encontrada em copas de florestas primárias (Collar e Stuart 1985). A espécie pertence à ordem Passeriformes, família Timalidae e subfamília Timalinae (Collar e Stuart, 1985). A família Timalidae é um importante grupo de passeriformes insectívoros do Velho Mundo (Sibley e Monroe 1990). Existem 257 espécies de Timalies no mundo, todas incorporando 11 géneros, distribuídos na sua maioria na Eurásia Central, Eurásia Oriental, África, Madagáscar, Filipinas, Índia Oriental e Austrália (Austin 1987), nos Camarões e na Nigéria no caso do Timalie de garganta branca.

A família Leiothrichidae inclui 4 géneros: Tagarela-de-cabeça-preta (Turdoites reinwardtii), tagarela-castanha (Turdoites plebejus), tagarela-capuchinho (Phyllanthus atripennis) e tagarela-da-montanha-de-garganta-branca (Kupeornis gilberti), segundo Cibois (2003). O género Kupeornis inclui 3 espécies: tagarela de Chapin (*Kupeornis chapini*), tagarela de colarinho vermelho (*Kupeornis rufocinctus*) e tagarela de garganta branca (*Kupeornis gilberti*) de acordo com (Collar e Robson 2007).

I-3 Conhecimento da toutinegra de garganta branca dos Camarões

I-3-1 Classificação de acordo com Serle 1949

Reino: Animal

  Filo: Chordata

    Classe: Aves

      Ordem: Passeriformes

        Família: Leiothrichidae

          Género: Kupeornis

            Espécie: *Kupeornis gilberti Serle*, 1949, Montanha Kupe, Camarões.

A toutinegra-de-bico-branco é uma espécie de ave globalmente ameaçada, com estatuto de perigo de extinção (Barrow e Demey, 2004). A espécie pertence à ordem dos Passeriformes, à família Timaliidae e à subfamília Timalinae (Collar e Stuart, 1985). Só foi registada em algumas localidades no oeste dos Camarões e no leste da Nigéria (Collar e Stuart, 1985). O espécime tipo foi recolhido pela primeira vez em 1948 a uma altitude de 1.520 m no Monte Kupe (Collar e Stuart, 1985).

Figura 1: Tagarela de garganta branca: Kupeornis gilberti (Marcel, 2012)

I-3-2 Descrição e morfologia

A toutinegra de garganta branca foi descrita pela primeira vez pelo britânico Dr. Serle William em 1949 no Monte Kupe (Serle, 1949). Estas aves são designadas por tagarelas devido ao seu hábito de cantar ruidosamente em pequenos grupos "chak", "chook" ou "chrook" (Collar, N. & Robson, C. 2017; Meeta kumari 2013). Existem muito poucas informações sobre esta espécie. Timalies, família Timaliidae, um importante grupo de passeriformes insectívoros do Velho Mundo (Sibley e Monroe 1990). Os passeriformes pertencem à classe Aves, ordem Passeriformes e família Timaliidae. Os tagarelas constituem mais de metade de todas as espécies de aves. No entanto, a toutinegra-de-bico-branco encontra-se geralmente em copas de florestas primárias e é principalmente insectívora, procurando alimento em musgo, epífitas e fendas (Collar e Stuart, 1985).

Os ninhos da toutinegra-de-bico-branco são construídos em árvores, em zonas arborizadas ou em rochas salientes (Walters 1994). Durante a época de reprodução, o tagarela-de-bico-branco prefere fortemente que os seus ninhos sejam construídos em superfícies onde **se** possa esconder bem dos seus inimigos. Os ninhos são frequentemente feitos de líquenes, folhas estruturais e até teias de aranha.

As características morfológicas do grupo Timalies são geralmente a ausência de uma plumagem juvenil distinta, forma e tamanho, particularmente as pernas e o bico, bem como os sexos são os mesmos em muitas espécies (Cibois *et al.;* 2003). Têm asas redondas, caudas longas, pernas e bicos fortes (Meeta kumari 2013). O tamanho dos Timalies varia entre 21 e 23 cm e pesam 64 g. As suas cores variam entre o castanho claro e o cinzento, com a face e o peito brancos. Uma caraterística notável destas aves insectívoras não migratórias é um grau de sociabilidade que é evidente nas diferentes faixas (Collar, N. & Robson, C. 2017; Meeta kumari 2013).

I-3-3 Distribuição geográfica

A toutinegra-de-bico-branco é uma espécie restrita a algumas localidades no oeste dos Camarões (Rumpi Hills, Bakossi Mountains, Banyang Mbo Wildlife Sanctuary (R. Fotso in litt.1999), Mont Kupe, Mont Manenguba (Dowsett-Lemaire e Dowsett 1999c), Mont Nlonako, Foto perto de Dschang e no leste da Nigéria (Plateau Obudu). No entanto, os dois locais mais importantes são os montes Bakossi e Rumpi, onde foram estimadas várias centenas de indivíduos (Dowsett-Lemaire e Dowsett 1998d). A população desta espécie parece estar em grave declínio devido à destruição do seu habitat, razão pela qual está classificada como ameaçada (Birdlife International, 2016).

I-3-4 Ecologia da toutinegra-de-bico-branco

O conhecimento do habitat, da distribuição, da ecologia, da dieta e da dinâmica populacional são factores importantes para a gestão racional de um recurso faunístico. No entanto, existem poucas informações sobre o Timalie porque ainda não foi objeto de um estudo aprofundado. Frutos, insectos (ou outros pequenos animais invertebrados negros) e certas sementes são os alimentos geralmente consumidos pelos Timalies. A maior parte dos insectos consumidos pelos Timalies são pragas que consomem culturas comuns ou sementes guardadas (Dhindsa *et al.;* 2000). Foi registado que a sua época de reprodução nos Camarões Ocidentais vai de junho a novembro, e no planalto de Obudu em abril. Parece depender de florestas primárias montanhosas com elevada pluviosidade, mas também foi observada em florestas secundárias maduras no Monte Manenguba (Dowsett-Lemaire e Dowsett 1999c). No entanto, a sua distribuição está ligada à presença de recursos, e foi encontrada em altitudes entre 950-2130 m.

I-3-5 Ameaças e estado de conservação

11% das aves estão ameaçadas de extinção devido às actividades humanas, de acordo com o último relatório da Conferência das Partes da Convenção sobre a Diversidade Biológica (CDB). [e]Estas actividades humanas são responsáveis pelo declínio das populações de aves, incluindo a agricultura insustentável, o comércio ilegal, a desflorestação, a construção de barragens e as espécies evasivas, de acordo com a cimeira realizada em Cancún, no México. De acordo com a UICN, 11% das 72 espécies de aves recentemente reconhecidas estão ameaçadas de extinção devido ao comércio ilegal, à agricultura, à exploração florestal ou a espécies invasoras. Todos estes factores conferiram-lhe o estatuto de espécie ameaçada B1ab(i,ii,iii,v) ver 3.1 de acordo com as categorias da lista vermelha da IUCN desde 2016 (IUCN 2014, Birdlife international 2016), ou seja, a redução dos seus efectivos é superior ou igual a 70% estimada nos últimos 10 anos ou 3 gerações e de acordo com critérios como: (1) população severamente fragmentada ou presente em não mais de cinco localidades; (2) declínio contínuo, observado, inferido ou previsto a partir de um dos elementos (área de ocorrência, área de ocupação, área de superfície, extensão e/ou qualidade do habitat, número de localidades ou subpopulação e número de indivíduos maduros); (3) população estimada em 2.500 indivíduos maduros com pelo menos 95% dos indivíduos maduros numa subpopulação. De acordo com a Lei de Florestas e Fauna Bravia de 1994 (MINEF, 1994) e o seu decreto de execução, esta é uma espécie de classe A, ou seja, está totalmente protegida e não pode ser abatida em nenhuma circunstância. No entanto, a sua captura ou posse está sujeita a uma autorização emitida pela administração responsável pela fauna bravia (MINEF, 1994).

CAPÍTULO III: MATERIAIS E MÉTODOS

II.1 Área de estudo

Este estudo foi efectuado no Parque Nacional de Bakossi, no sudoeste dos Camarões.

II.1.1. Localização e contexto do Parque Nacional de Bakossi

O Parque Nacional de Bakossi foi criado pelo Decreto n.º 2007/1459/PM de 28 de novembro de 2007. Com uma superfície total de 29.320 hectares, o parque situa-se entre 4 50°N e 5 20°N de latitude e entre 9 30° e 9 46°E de longitude, na região sudoeste dos Camarões e no departamento de Kupe-Menenguba.

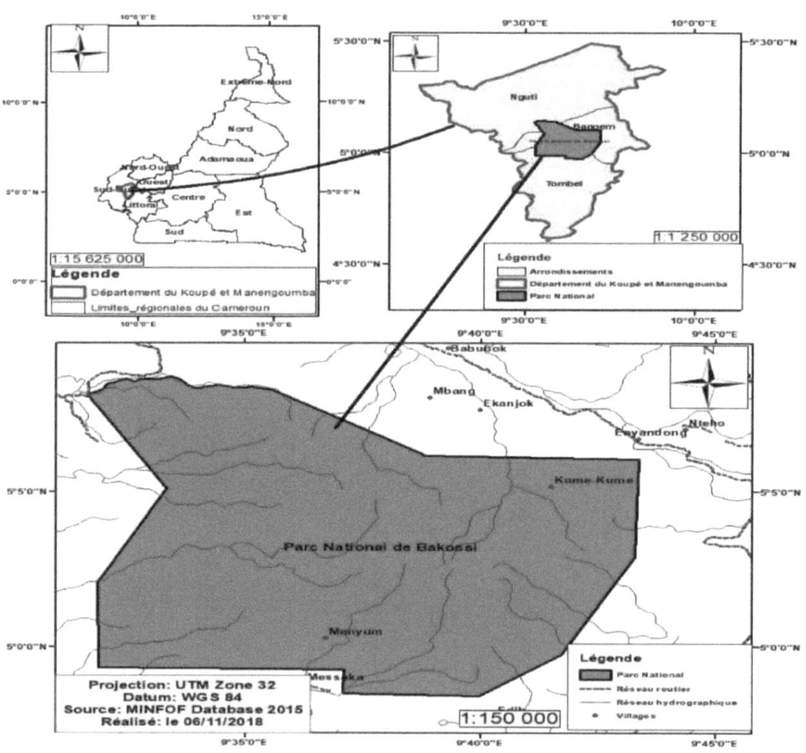

Figura 2: **Localização da área de estudo**

II.1.2 Recolha de dados

II.1.2.1 Descarregar imagens de satélite

As imagens Landsat 7 e 8 com resolução de 30m foram carregadas no Earth Explorer em fevereiro de 2019. A realidade da disponibilidade e qualidade das imagens levou-nos a adotar imagens de 2006 e 2018, uma vez que não estavam disponíveis online imagens de 2007 (quando o parque foi criado). Estas duas imagens de satélite foram descarregadas durante a estação seca para uma melhor separação das classes de vegetação e condições atmosféricas mais favoráveis. Estas imagens foram também escolhidas porque tinham as mesmas propriedades, ou seja, a mesma resolução espacial, podiam ser sobrepostas nas mesmas dimensões e tinham quase o mesmo número de classes de cobertura, respetivamente (ver Figuras 3 e 4). A análise das imagens Landsat adquiridas e processadas em 2006 e 2018 foi adoptada para identificar as diferentes formas de cobertura do solo no Parque Nacional de Bakossi. A fim de corroborar as informações obtidas a partir dos mapas, foram recolhidas coordenadas GPS durante os levantamentos de campo para a vegetação, actividades humanas (plantações agrícolas) e solo nu. As coordenadas GPS foram exportadas sob a forma de uma tabela na folha de cálculo Excel. Neste estudo, foram tidos em conta três tipos de formação vegetal: florestas **primárias e** secundárias, estratos herbáceos e florestas densas. Os dados recolhidos foram transferidos para uma base de dados informática especializada num Sistema de Informação Geográfica (SIG).

As bandas espectrais utilizadas foram o vermelho (Canal 3, sensível à absorção de clorofila pelas folhas), o infravermelho próximo (Canal 4, sensível à estrutura das folhas) e o infravermelho médio (Canal 5, sensível à água das folhas). Estes dados foram utilizados para produzir os mapas de ocupação do solo. Para garantir que as imagens eram tão representativas quanto possível, as imagens classificadas foram visualizadas no Google Earth.

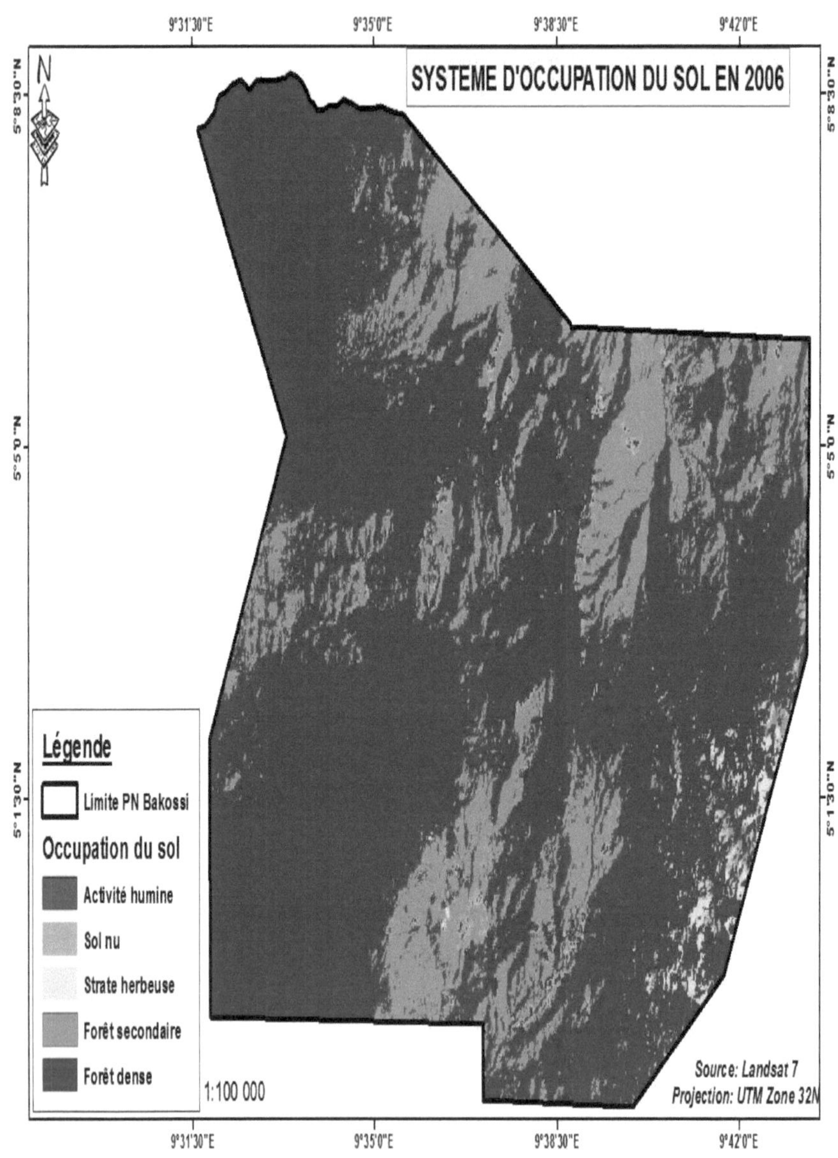

Figura 3: Mapa da zona de estudo em 2006

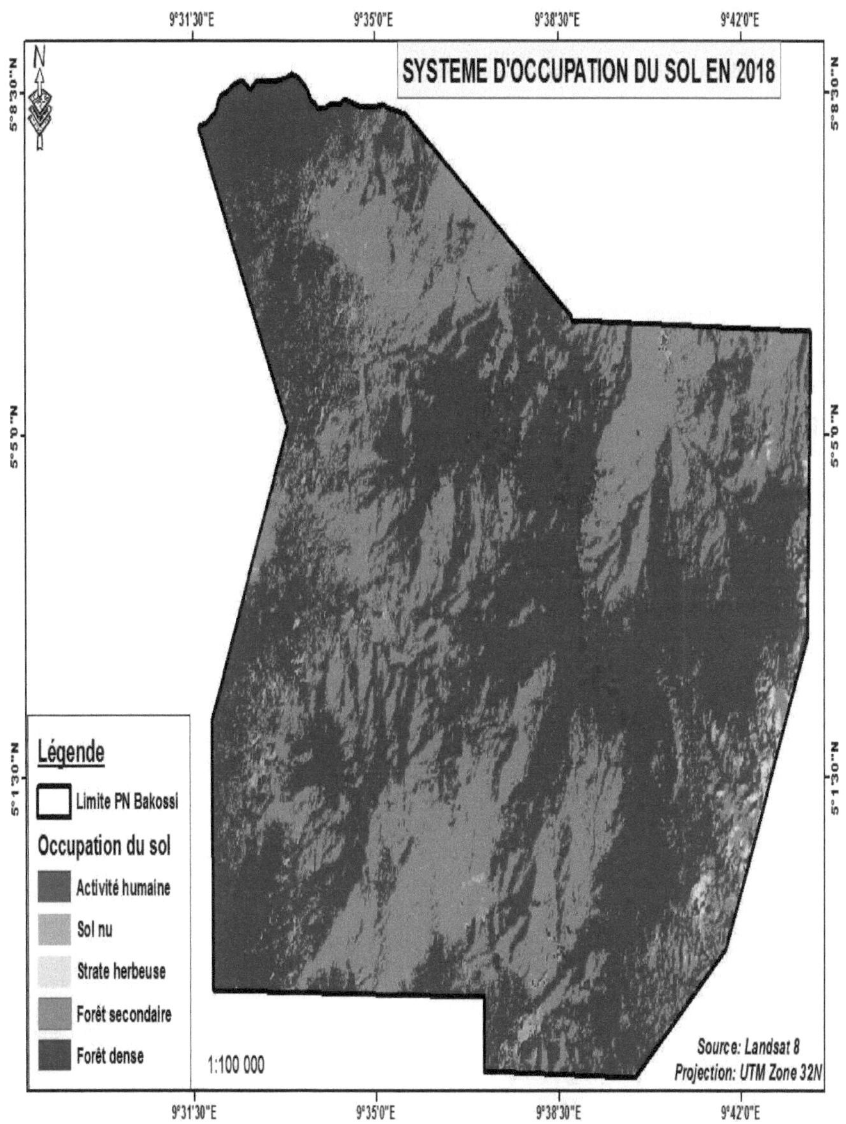

Figura 4: Mapa da zona de estudo em 2018

Estas duas imagens de satélite landsat explicam o sistema de utilização do solo entre 2006 e 2018 no Parque Nacional de Bakossi:

- As actividades humanas incluem plantações agrícolas, tais como plantações de café, cacau e banana, bem como o abate de árvores, casas e incêndios florestais no parque.
- O solo é qualquer superfície que tenha perdido toda a sua vegetação devido a práticas agrícolas.
- O estrato herbáceo é uma vegetação com uma camada de erva e pequenas árvores com menos de 5 m de altura.
- A floresta secundária é uma área com árvores de grande porte, mas com alguns vestígios de atividade humana, como o corte de madeira e os incêndios florestais.
- A floresta densa é uma vegetação com árvores de grande porte que não apresenta sinais de atividade humana.

II.1.2.2 Passeio de reconhecimento no terreno

Esta etapa permitiu-nos recolher informações para validar os fenómenos observados nas imagens Landsat. Durante esta caminhada de reconhecimento, parámos para verificar a presença das espécies e contar o número de indivíduos nos diferentes tipos de habitat. Esta fase permitiu-nos também recolher informações sobre os agentes responsáveis pela degradação da área de estudo.

II.1.2.3 Fase do questionário

Foram feitas entrevistas à comunidade local para conhecer a sua perceção das espécies, as ameaças às espécies e as causas da degradação da zona (ver questionário em anexo).

II.1.3 Classificação supervisionada

O método de aproximação polinomial de primeira ordem foi utilizado para processar as imagens LANDSAT. Era importante que estas imagens fossem processadas de acordo com os critérios de classificação das categorias de dossel. Todas as imagens de satélite obtidas foram geo-referenciadas no sistema de coordenadas UTM, que tinha sido utilizado para registar estas imagens raster, a fim de lhes conferir as mesmas propriedades geométricas. Ignorando as margens das imagens, foram eliminados os pixéis (ou a menor unidade de uma imagem) com um valor de raio igual a zero. Em seguida, procedemos a um reconhecimento físico simples (por visualização no ecrã de um computador) para distinguir as diferentes classes de coberto (floresta densa, floresta secundária e estrato herbáceo, solo nu e actividades humanas). Na realidade, procedeu-se primeiro a uma classificação não supervisionada e depois a uma classificação supervisionada utilizando o conhecimento do terreno para validar os fenómenos que não eram claramente perceptíveis nas imagens. As imagens adquiridas foram tratadas com o software ENVI e os mapas foram elaborados com o software cartográfico ARCGIS 10.4.

As imagens classificadas foram transferidas para o Arc GIS 10, onde as variedades das classes de coberto foram digitalizadas e as estatísticas registadas numa tabela Excel, que pode ser utilizada para calcular a superfície de cada classe de coberto.

II.1.4 Análise dos dados

> **Processamento de imagens de satélite**

Uma vez descarregadas as imagens Landsat 7 e 8, o software ENVI foi utilizado para processar as imagens e calcular as áreas. A cobertura do solo foi analisada através do cálculo do NDVI e da classificação supervisionada por máxima verosimilhança. O NDVI foi calculado através da fórmula 4 (Rouse *et al.;* 1974).

$$NDVI = (Pir - VIS) / (Pir + VIS) \ (1)$$

Em que NDVI é o Índice de Vegetação por Diferença Normalizada, Pir é a banda espetral do infravermelho próximo e VIS é a banda espetral do vermelho dos sensores considerados. As diferentes assinaturas espectrais foram então visualizadas e os dados foram classificados utilizando a classificação supervisionada por máxima verosimilhança.

- **Cálculo das alterações dos tipos de utilização dos solos entre 2006 e 2018**

As alterações nos tipos de ocupação do solo foram calculadas através do cálculo das áreas perdidas ou ganhas durante os períodos de estudo. Esta mudança foi avaliada pela diferença entre a área de um tipo de cobertura do solo no ano dois (2018) e no ano de referência (2006). [2] [1] Para avaliar a alteração do coberto entre 2006 e 2018, foi utilizada a fórmula de Otukei (2006):

Percentagem da área da classe= AC/ATx100; ΔC=%A (ano recente) - %A (ano antigo); TC (%)=**A1-A2/A1x 100**; **TVA=** ΔC/ ΔP; em que **AC=** área da classe de coberto; **AT=** área total; Δ**C=** alteração do coberto, e **AP=** diferença temporal. [21]VAT/ taxa de variação anual, Δ**A:** taxa de variação do coberto vegetal e Δ**T** é a diferença de tempo em que ΔT= t -t .

> **Neste caso**

Os dados recolhidos no terreno foram introduzidos e registados no Microsoft Excel 2010 para os vários testes estatísticos. As análises descritivas dos dados foram efectuadas no Microsoft Excel 2010. As estatísticas descritivas permitiram estimar a probabilidade e as médias dos encontros nos diferentes tipos de habitat. Mostram também como os factores e agentes afectam o habitat das espécies.

II.2.1. Inventário das espécies

Durante a caminhada de reconhecimento no terreno, foi verificada a presença **ou ausência** da espécie, contado o número de indivíduos em cada estação e determinado o tipo de habitat onde a espécie foi observada. Os dados foram recolhidos ao longo do gradiente altitudinal.

- **Técnicas de** inventário

Utilizámos três métodos para obter resultados que respondessem às nossas diferentes preocupações. O primeiro foi a teledeteção associada ao SIG, que nos permitiu determinar a tendência evolutiva do coberto vegetal do Parque Nacional de Bakossi. Estes métodos foram utilizados porque apresentam várias vantagens: são menos morosos, menos dispendiosos, mais rápidos de realizar e permitem avaliar as alterações do coberto vegetal em grandes áreas (Gottschalk *et al.;* 2004; Loveland e Dowyer, 2012; Hansen *et al.;* 2013). O segundo método consistiu na aplicação de um questionário para recolher informação sobre os factores responsáveis pela alteração do coberto vegetal, seguido de um levantamento de campo para identificar os diferentes tipos de habitat utilizados pela toutinegra-de-bico-branco, de modo a deduzir qual o habitat mais frequentado.

Foram utilizadas   técnicas de deteção remota, SIG e questionário no inventário da população de toutinegra de garganta branca no Parque Nacional de Bakossi. A teledeteção e o SIG são as técnicas mais utilizadas porque consomem menos tempo, são menos dispendiosas, são mais rápidas de realizar e permitem avaliar as alterações da cobertura vegetal em grandes áreas (Gottschalk *et al.;* 2004; Loveland e Dowyer, 2012; Hansen *et al.;* 2013).

- **Processo de inventário**

Uma vez obtidas as imagens de satélite, saímos para o terreno para confirmar o que tínhamos visto nos mapas. Uma vez que a teledeteção e o SIG não fornecem informações sobre a espécie e o seu habitat, reunimo-nos com os chefes das aldeias para obter autorização para efetuar o levantamento da população. Com a colaboração dos chefes ou dos seus representantes, foi-nos entregue um **guia** em cada aldeia, que orientou o inquérito em termos de identificação do inquirido. Um questionário foi aplicado individualmente à população local para recolher as seguintes informações: conhecimento da espécie, habitat utilizado, idade, sexo, época de encontro, profissão do inquirido, nível de instrução, número de parcelas de terreno, forma de agricultura, motivos de caça para os caçadores e, finalmente, utilidade da espécie. O objetivo da recolha de todas estas informações era saber se a população local conhecia a espécie e o seu habitat. Durante o período de dezembro de 2017 a janeiro de 2018, realizámos uma caminhada no terreno para procurar a presença da espécie por tipo de habitat.

Esperamos por 3 minutos para acompanhar a(s) resposta(s) dos indivíduos da espécie ao redor da estação de acordo com Danjuma *et al.;* (2014). Foram recolhidas as seguintes informações: as coordenadas geográficas (longitude, latitude e altitude) de cada ponto, altitude, presença da espécie, tipo de habitat e tipo de cultura no caso dos campos de plantação. Os dados foram recolhidos diariamente entre as 7h e as 11h30 e ao fim da tarde entre as 15h30 e as 17h30, uma vez que as aves estão mais activas nestas horas (Bibby *et al.;* 2000; Dennis et al 2002).

Figura 5: Imagem de controlo com a população Deck

II.2.2. Factores antropogénicos e os diferentes tipos de habitat da toutinegra-de-bico-branco.

II.2.2.1. Os diferentes tipos de habitat da toutinegra-de-bico-branco.

O objetivo era estudar os diferentes tipos de habitat da toutinegra-de-bico-branco, a fim de determinar qual o habitat mais utilizado no Parque Nacional de Bakossi. Os diferentes tipos de habitat foram determinados por avaliação visual, uma vez que a quantificação das características ambientais é muito complexa e morosa, de acordo com Bibbly *et al* (2000). Os diferentes tipos de habitat identificados no terreno são os seguintes:

➢ Floresta primária ou densa: é uma floresta onde não há vestígios de atividade humana e que se caracteriza pela presença de copas de árvores de grande porte com mais de 20 m de altura, o coberto superior da orla (**limite de um campo ou de uma árvore**) é o dossel florestal, a presença de lianas e a presença de plantas rasteiras e trepadeiras.

➢ A floresta secundária é caracterizada pela presença de árvores agrupadas em dois estratos: o estrato arbóreo baixo, com árvores entre 7 e 15 m de altura, e o estrato arbóreo alto, com árvores com mais de 15 m de altura. Nesta categoria de floresta, existem vestígios humanos como o corte de madeira e os incêndios florestais.

➢ A savana herbácea é uma vegetação constituída por pequenas plantas de altura não superior a 1 m (gramíneas, fetos, subarbustos e rebentos jovens). Os incêndios florestais são frequentemente um sinal da atividade humana neste habitat.

➢ A savana arbustiva é uma vegetação constituída por plantas de pequeno porte com altura não superior a 1 m. Existem também algumas árvores de pequeno porte com altura inferior a 5 m.

➢ Os campos aráveis são áreas utilizadas para práticas agrícolas

II.2.2.2. Actividades antropogénicas

A observação de sinais de presença humana foi efectuada em simultâneo com o recenseamento dos diferentes tipos de habitat utilizados pela toutinegra-de-bico-branco. Durante o percurso de reconhecimento, o objetivo foi registar todos os sinais de presença humana nas várias estações amostradas. Foram identificados os seguintes sinais: abate de madeira (árvores inteiras ou lenha), armadilhas para animais, invólucros de cartuchos, presença de abrigos/repartimentos de caçadores, presença de fogos florestais e períodos de queimadas, presença ou ausência de campos, tipos de culturas (perenes, anuais, policultura ou monocultura ou desconhecidas). Uma vez chegados a cada posto de recolha, as diferentes actividades foram registadas por observação direta no terreno e anotadas na ficha de recolha de dados. No questionário aplicado à população local, perguntámos se a área de floresta tinha diminuído ou aumentado. Em caso afirmativo, quais os factores responsáveis por esta redução da área: agricultura, incêndios florestais, abate de árvores, crescimento da população, utilização de madeira para construção de casas, etc. (Ver folha do questionário na página em anexo).

III.3 Características abióticas da zona de estudo

III.3.1 Clima

A zona de Bakossi, situada na região sudoeste, é dominada por um clima tropical. Apresenta duas estações distintas: a estação seca, que decorre de novembro a março, e a estação das chuvas, que decorre de abril a outubro. A precipitação é abundante, com uma média anual de cerca de 3.000 mm. A temperatura máxima é de 30°C, enquanto a mínima é de 10°C nas encostas do Monte Kupe. Graças a este clima, o território de Bakossi é dominado por uma densa floresta equatorial (Denise e Milena 2017).

III.3.2. Geomorfologia e pedologia

Os solos de Bakossi são naturalmente ricos. No entanto, estes solos situados nas encostas do Monte Kupé e do Monte Manenguba são de origem vulcânica e são muito férteis (Miavita 2011). A fertilidade dos solos desta zona é uma vantagem para a população que pratica duas das agriculturas mais conhecidas de África: a agricultura de subsistência (milho, batata, mandioca, inhame, etc.) e a agricultura de rendimento ou comercial (café, cacau e palmeiras). No entanto, embora a área seja dominada por solos férteis, alguns lugares são interrompidos com areia, **argila, marga (argila gordurosa e impermeável)** outros são solos sedimentares que também são adequados para a agricultura de produção (Denise e Milena 2017).

III.3.3. Redes hidrográficas

A região de Bakossi está rodeada por montanhas de grande altitude que variam entre 200 e 2.396 m acima do nível do mar ou do solo. Estas montanhas são: o Monte Kupe (2.050m) e o Monte Manenguba (2.396m). De acordo com Miavita (2011), a região de Bakossi está implantada na linha de falha que se origina no Atlântico no pico de São Tomé, com uma orientação Sudoeste - Norte - Este. Esta linha de falha passa pelo Monte Bamboutos, Monte Manenguba, Monte Kupe e Monte Bakossi, e continua ao longo da costa onde termina em Tibesti no Chade, pelo que estas montanhas são todas de origem vulcânica. As encostas destas montanhas são constituídas principalmente por solos vulcânicos férteis, propícios ao cultivo, e por uma grande floresta tropical densa e rica em flora e fauna. De um modo geral, o território de Bakossi é pouco declivoso, pontuado por alguns cumes e colinas cujos vales foram aprofundados pelo escoamento. Apesar da precipitação abundante, estes dois distritos são drenados por poucos rios, sendo o rio Mungo e os lagos Bemweh uma atração turística importante (Denise e Milena, 2017).

III.4. Características bio-ecológicas

III.4.1 Vegetação e flora

O Bakossi é dominado por uma densa floresta equatorial nos distritos de Tombel, Nguti e Bangem. Nas encostas do Monte Kupe e nas planícies de Bangem, as florestas encontram-se em quase todo o lado. A vegetação é essencialmente de savana, estendendo-se até à zona de Melong, na região costeira. Esta vegetação é utilizada pelos Bororo para a criação de gado. A vegetação varia consoante a altitude. As florestas sub-montanas estendem-se de 900 a 1800m de altitude. As espécies afromontanas típicas são: ***Nuxia congesta, Podocarpus atifolius, Prunus africana, Rapanea melanophloeos e Syzgium guineense bamendae.***

III.4.2. Fauna

As florestas de Bakossi são um habitat adequado para muitos animais e, consequentemente, tal como a maioria das florestas equatoriais densas, são ricas em vida selvagem. No entanto, as florestas de Bakossi são um local importante nos Camarões para certas espécies globalmente ameaçadas, incluindo sete espécies de aves estritamente endémicas: Apalis de Bamenda (*Apalis bamendae*), toutinegra da floresta de Bangwa (*Bradypterus bangwaensis*), toutinegra da montanha de garganta branca (*Kupeornis gilberti*), toutinegra de olhos de banda (*Platysteira laticincta*), tecelão de Bannerman (*Ploceus bannermani*), picanço do Monte Kupe (*Telophorus kupeensis*) e turaco de Bannerman (*Tauraco bannermani*). Este último é um ícone cultural para o povo Kom que vive nesta zona. Onze espécies de pequenos mamíferos são endémicas desta zona: o rato listrado de Eisentraut (*Hybomys eisentrauti*), o hylomyscus do Monte Oku (*Hylomyscus grandis*), a ratazana do Monte Oku (*Lamottemys okuensis*), o rato listrado de Mittendorf (*Lemniscomys mittendorfi*), o rato de pelo escovado de Dieterlen (*Lophuromys dieterleni*) e a ratazana de pelo escovado de Eisentraut (*L. eisentrauti*), o musaranho do rato de Oku (*Myosorex okuensis*), o musaranho do rato de Rumpi (*M. rumpii*), o rato de vlei ocidental (*Otomys occidentalis*), o rato de pelo mole de Hartwig (*Praomys hartwigi*) e o musaranho da floresta de Bioko (*Sylvisorex isabellae*). Vários primatas estão ameaçados de extinção nesta região, incluindo: o gorila do rio Cross (*Gorilla gorilla diehli*), uma subespécie do gorila ocidental: o broca do continente (*Mandrillus leucophaeus leucophaeus*), o colobo vermelho de Preuss (*Pilocolobus preussi*), o chimpanzé comum (*Pan troglodytes*) e o macaco de Preuss (*Cercopithecus preussi*).

III.4.3. População e actividades socioeconómicas

Em 1976, a população do Sudoeste era estimada em 620.515 habitantes; em 2015, ela aumentou para 1.534.232 (BUCREP, 2010b). Em 2010, mais de 52% da população do Sudoeste vivia em zonas rurais (BUCREP, 2010a). Atualmente, mais de 250.000 pessoas vivem em Bakossi. A zona é sobrepovoada por jovens provenientes do Noroeste, do Oeste dos Camarões e de países vizinhos como a Nigéria, com um número significativo à procura de trabalho em grandes plantações como a Cameroon Development Corporation (CDC), na refinaria de petróleo de Limbe, ou para criar novas explorações em terras férteis (fenómeno explicado pela ocupação descontrolada de terras na zona), segundo Lairds *et al* (2007). A principal ocupação dos habitantes é a agricultura, pois muitos aproveitam os solos férteis e o bom clima (Denise e Milena, 2017). Cerca de 80% da população está envolvida na agricultura e em actividades relacionadas com a agricultura. A região Sud-Ouest inclui população, habitação, plantações industriais, um complexo de refinarias de petróleo, uma extensa exploração madeireira por empresas e muitas outras indústrias, instalações e infra-estruturas (Zogning *et al.;* 2010). A criação de gado está muito pouco desenvolvida na localidade, uma vez que se trata de uma forma de criação extensiva caracterizada por pequenos rebanhos (**todos os animais de uma exploração ou de uma região**) com animais **a** vaguear. As principais espécies criadas são as aves de capoeira (galinhas), os ovinos, os caprinos e os suínos. Esta pecuária é orientada tanto para o consumo (aves) como para a comercialização (cabras). (CVUC, 2015). Todas essas atividades são fontes de renda para garantir a sobrevivência da população.

III.5. Locais de estudo

Estudos efectuados no Planalto de Obudu, na Nigéria, e no Monte Kupe, nos Camarões, revelam que o tagarela-de-bico-branco é um especialista florestal, frequentemente encontrado em copas de florestas primárias e raramente em florestas secundárias (Collar e Stuart 1985). A zona de Bakossi é citada como um dos locais mais abundantes para a espécie, com uma densidade populacional elevada, ao contrário de outros locais (Dowsett-Lemaire e Dowsett 1998d). A toutinegra-de-bico-branco está listada como globalmente ameaçada de acordo com Borrow e Demy 2004, a sua distribuição permanece limitada nesta área devido à presença das florestas de Bakossi. Tendo em conta os trabalhos anteriores sobre a avifauna, que se limitaram a inventários, este estudo realizado no PNB visa determinar o impacto da deterioração do habitat e os efeitos das actividades humanas, tendo em conta o declínio da sua população.

CAPÍTULO IV: RESULTADOS E DISCUSSÃO

CAPÍTULO 4: RESULTADOS E DISCUSSÃO

IV.1 RESULTADOS

IV.1.1 Mudança do tipo de cobertura no Parque Nacional de Bakossi

Os tipos de copas obtidos a partir da varredura no ecrã após a classificação supervisionada são apresentados na **Tabela i (4)**, seguindo os valores estatísticos adquiridos.

Tabela i: Resumo das alterações dos tipos de habitat no PNB entre 2006 e 2018.

Tipo de cobertura	$_1$A 2006 (ha)	% A_1	$_2$A 2018(ha)	% A_2	ΔA (%)	CT (ha)	IVA
Floresta densa	23283.36	79.41	19472.31	66.41	-13	-16.37	-1.083
Floresta secundária	5244.12	17.89	9138.78	31.17	13.28	74.27	1.106
Savane	329.58	1.12	227.16	0.77	-0.35	-31.07	-0.029
Solo nu	338.85	1.16	240.6	0.83	-0.33	-28.98	-0.027
Actividades humanas	124.38	0.42	241.38	0.82	0.40	0.0094	0.033
Total	29320.29	100	29320.29	100			

$_{121:2}$**A 2006 (ha)**: área das classes de habitat de copa em 2006 em hectares; **A 2018(ha)**: área das classes de habitat em 20018 em hectares; **% A** percentagem de classes de habitat em 2006; **% A :** percentagem de classes de habitat em 2018; **ΔA (%)**: variação das classes de habitat em percentagem; **TC (ha)**: taxa de variação da ocupação do solo entre 2006 e 2018 em ha; **K: taxa de regressão ou expansão**; **TVA**: taxa de variação anual.

A Tabela (**i**) 4 mostra que, em 2006, a superfície das classes de habitat no PNB era, respetivamente, 79,41% para florestas densas; 17,89% para florestas secundárias; 1,12% para savana; 1,16% para solo nu e 0,42% para actividades humanas. No entanto, em 2018, a percentagem de superfície de cada tipo de cobertura foi de 66,41%; 31,17%; 0,77%; 0,83% e 0,82%, respetivamente, pela mesma ordem que acima. À luz destes dados, é evidente que se registaram alterações nas diferentes classes de coberto entre 2006 e 2018 (Figura 2).

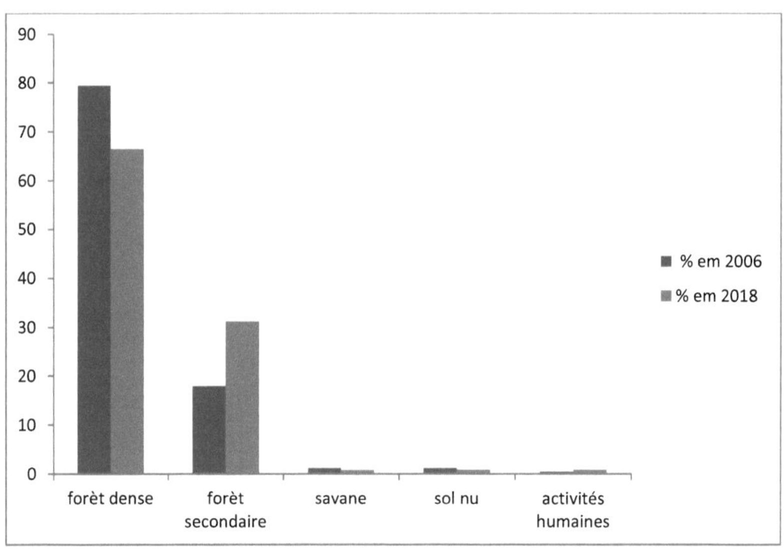

Figura 6: Variação global das classes de habitat observadas no PNB entre 2006 e 2018.

Uma análise aprofundada mostra que, entre 2006 e 2018, as florestas densas, a savana e o solo nu registaram, respetivamente, uma perda de superfície de -13%, -0,35% e -0,33%, mas, durante o mesmo período, as florestas secundárias e as actividades humanas aumentaram, respetivamente, 13,28% e 0,4%.

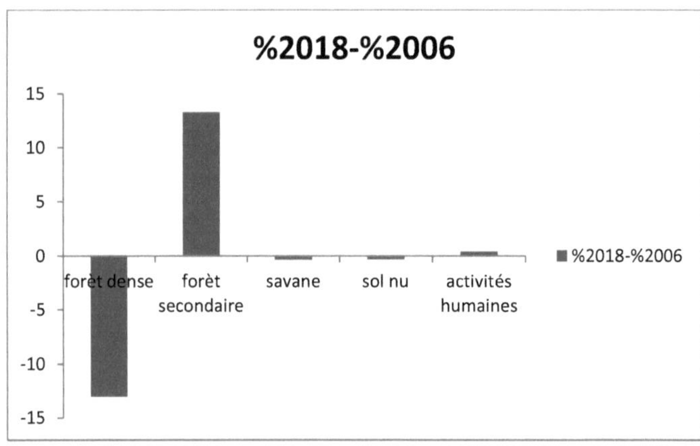

Figura 7: Variação anual das classes de habitat observadas no PNB entre 2006 e 2018.

Esta alteração das classes de habitat entre 2006 e 2018 é claramente visível (figura que mostra a alteração das classes de habitat) e manifesta-se quer por um aumento quer por uma diminuição da superfície de cada classe de habitat (figura 10).

IV.1.2 Agentes responsáveis pela degradação das classes de habitat

Durante a caminhada de reconhecimento no terreno, foram observados no PNB vários sinais de ameaças à toutinegra-de-bico-branco e à biodiversidade. Estes incluem sinais de caça (cartuchos, armadilhas não selectivas e cabanas de caçadores, que eram muito mais comuns nas aldeias de Kodmin, Muahumzum e Zimbeng), sinais de degradação do habitat (incêndios florestais e abate ilegal de árvores: isto foi observado em Kodmin (ver anexo) e actividades agrícolas no PNB (isto foi observado na aldeia de Deck, onde apenas predomina a floresta secundária e as plantações de café e cacau). A pressão sobre a terra reflecte-se no aumento dos mosaicos agrícolas e das plantações industriais. O tipo de cultura mais preocupante é a do café, em que grandes superfícies são destruídas para a criação de plantações de café (este facto foi constatado várias vezes no PNB). O crescimento da população residente no PNB aumentará a necessidade de terras para a agricultura, o que é tanto mais preocupante quanto a criação de plantações é responsável pela transformação de florestas em campos de cultivo.

Quadro ii: Respostas dos inquiridos sobre os factores responsáveis pelas alterações do coberto florestal

Factores	Número de respostas	%total
Agricultura	41	
Incêndio em mato	5	8
Crescimento da população	13	20
Construção de casas	2	3
Corte de madeira	4	6
Total	**65**	**100**

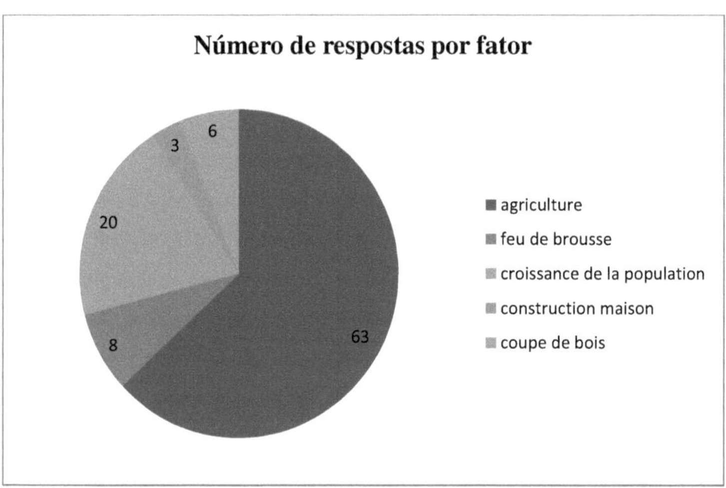

Figura 8: Diagrama das respostas dos inquiridos sobre os factores responsáveis pelas alterações do coberto florestal.

Este diagrama mostra que o principal fator responsável pela degradação do habitat do tagarela-de-bico-branco é a agricultura (63%). Depois da agricultura, vem o crescimento demográfico (20%).

Figura 9: Imagens que ilustram os vestígios antropogénicos no Parque Nacional de Bakossi.

A: ave capturada por uma armadilha; B: exploração madeireira (madeira); C: concha + cartucho; D: estrada: um exemplo de fragmentação do habitat; E: plantação de café; F: cabana de caçadores; G: casa utilizada pelos agricultores; H: animais capturados (macacos + antílope).

IV.1.3 Informações sobre a toutinegra de garganta branca

Durante a caminhada de reconhecimento de campo, contámos 152 indivíduos nas florestas densas e secundárias. Durante o inventário, a espécie foi observada 30 vezes nos pontos de amostragem. Na floresta primária, a espécie foi observada 25 vezes e contámos 114 indivíduos, enquanto na floresta secundária, tivemos 5 respostas para 38 indivíduos observados, ou seja, um total de 152 indivíduos contados em todos os pontos visitados. Para além destes dois habitats, a espécie não foi observada noutros locais (savana herbácea, savana arbustiva e solo nu). Este resultado corrobora o do questionário, onde 31 indivíduos dos 65 inquiridos responderam que a espécie vive na floresta. Este resultado mostra que a floresta primária é o habitat utilizado pela toutinegra-de-bico-branco.

Quadro iii: Resumo das respostas da toutinegra-de-bico-branco aos diferentes tipos de habitat

Tipos de habitat	Número de estações
Floresta densa	25
Floresta secundária	5
Savana arbustiva	0
Savana herbácea	0
Campos de culturas	0

O inventário foi efectuado em cinco tipos de habitat, como se segue:
- nos pontos amostrados, a espécie foi observada 30 vezes e 25 vezes na floresta densa, ou seja, 83,33%.
- no forte secundário, a espécie foi observada cinco vezes em 30, ou seja, 16,67%.
- Na savana arbustiva, na savana herbácea e nos campos de cultivo, não foi observada nenhuma espécie.

IV.1.3.1 Probabilidade de encontrar a toutinegra-de-bico-branco

Com base nos dados recolhidos no terreno, calculámos a probabilidade de ocorrência das espécies em cada tipo de habitat, os desvios-padrão e as médias de encontro das espécies em florestas densas e secundárias (ver quadro iv).

Quadro iv: Probabilidade de encontrar a toutinegra de garganta branca

Habitats	Probabilidade		Contagem	
	Estimativa	Desvio padrão	Estimativa	Erro padrão
Floresta densa	0.75	0.0035	2	0.0041
Floresta secundária	0.25	0.0035	0.58	0.0008

Esta tabela mostra que a probabilidade de encontrar a toutinegra-de-bico-branco é elevada na floresta densa (75%) e baixa na floresta secundária (25%).

IV.1.4.2 Perceção dos inquiridos sobre o seu conhecimento das espécies

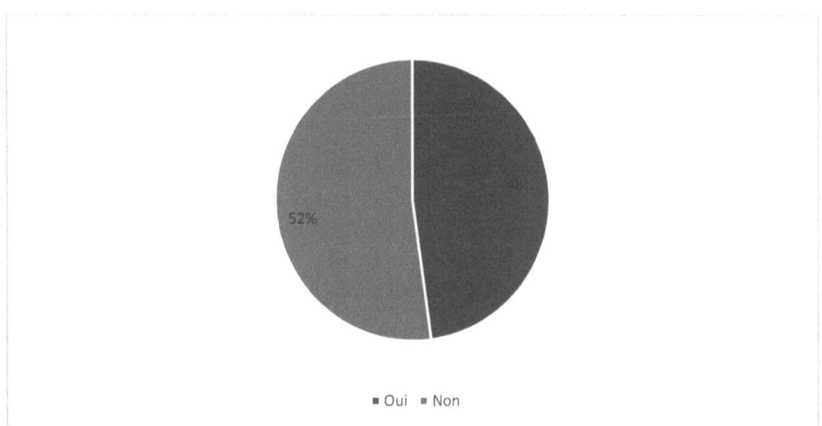

Figura 10: Diagrama que mostra a perceção dos inquiridos sobre o seu conhecimento das espécies

A figura acima mostra que 52% dos inquiridos não têm conhecimento da espécie, enquanto alguns (48%) têm conhecimento da espécie. A perceção dos inquiridos que disseram não ter conhecimento da espécie para P<0,05 (ver anexo) não foi significativamente diferente da dos que disseram ter conhecimento da espécie (Teste U de Mann-Whitney: Z= -0,38; p= 0,7014).

IV.1.3.2 Conhecimento das espécies por sexo

Durante a visita de campo, foi aplicado um questionário a 65 indivíduos, 42 do sexo masculino e 23 do sexo feminino. Ao acaso, 31 indivíduos tinham conhecimento da espécie, ou seja, uma percentagem de 48%, enquanto 34 não tinham conhecimento da espécie, ou seja, uma percentagem de 52%. Dos 31 indivíduos com conhecimento da espécie, 28 eram do sexo masculino (67%) e apenas 3 do sexo feminino (13%).

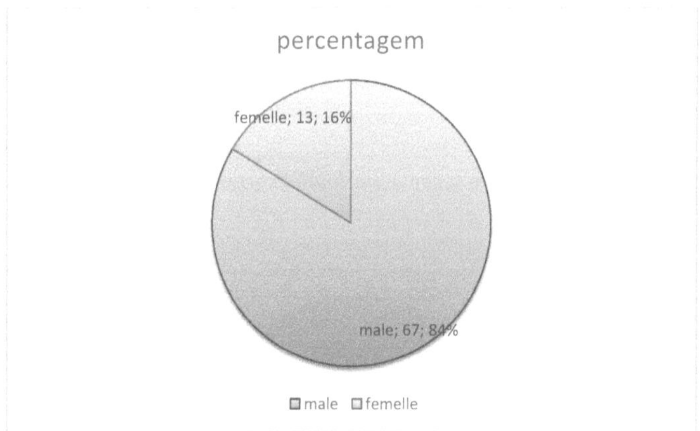

Figura 11: Diagrama do conhecimento da espécie em função do sexo

IV.1.3.3 Conhecimento da espécie em função da idade.

Durante a saída de campo, foi aplicado um questionário a 65 indivíduos com idades compreendidas entre os 13 e os 70 anos. Verificámos que, entre os 13 e os 20 anos, apenas 1 indivíduo conhecia a espécie. Entre os 21 e os 40 anos, 17 indivíduos conheciam a espécie. Finalmente, entre os 41-70 anos, 13 indivíduos conheciam a espécie.

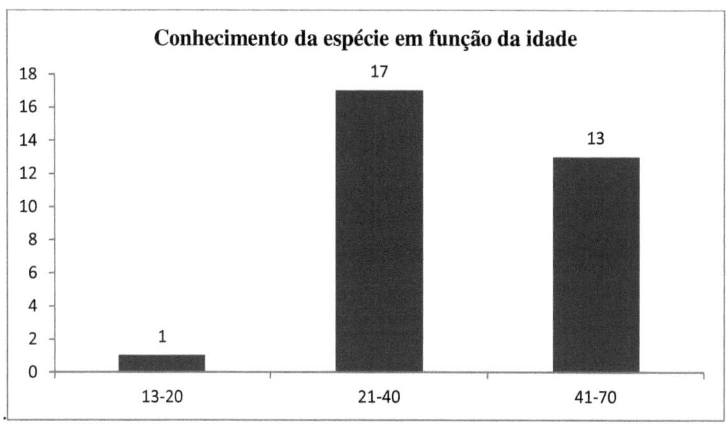

Figura 12: Diagrama do conhecimento das espécies em função da idade

IV.1.3.4 As diferentes profissões dos inquiridos

Durante o trabalho de campo, foram entrevistados 65 indivíduos. De acordo com a profissão de cada indivíduo, temos: 14 escolares, 8 donas de casa, 21 caçadores, 15 agricultores, 2 comerciantes e 2 professores do ensino básico.

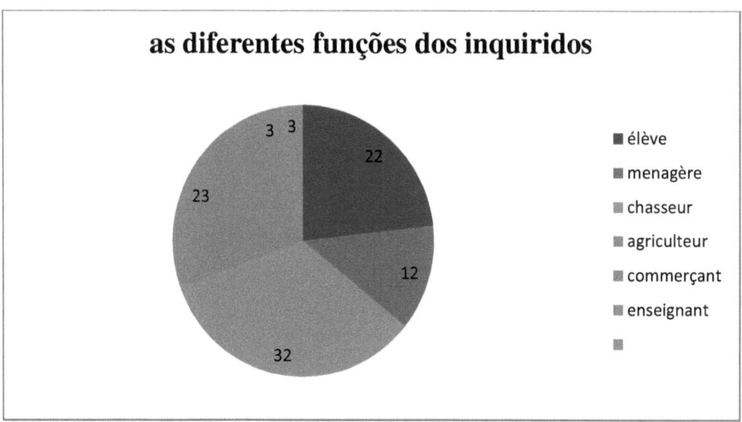

Figura 13: Diagrama das diferentes profissões

IV.1.3.5 Conhecimento das espécies por profissão

Durante a saída de campo, foi aplicado um questionário a 65 indivíduos, 31 dos quais conheciam a espécie. De acordo com a profissão, temos: 1 aluno, 3 donas de casa, 21 caçadores, 4 agricultores e 2 professores conheciam a espécie. Nenhum dos comerciantes conhecia a espécie. Todos os caçadores conheciam a espécie.

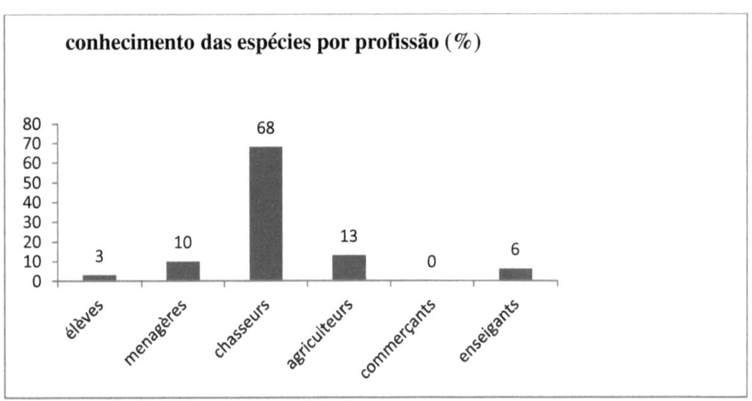

Figura 14: Diagrama de conhecimentos por profissão

IV.1.3.6 Variação do número de parcelas agrícolas por grupo de indivíduos

Com exceção dos alunos, todos os indivíduos praticam a agricultura. Cada grupo individual possui pelo menos duas parcelas de terra: uma para o cultivo de milho e outra para a plantação de café ou cacau.

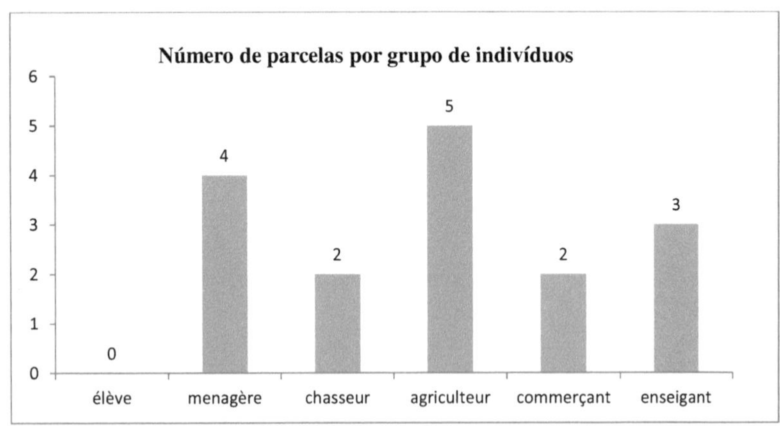

Figura 15: Diagrama do número de parcelas por grupo de indivíduos

IV.1.3.7 Conhecimento das espécies por nível de escolaridade

Um questionário foi aplicado a 65 indivíduos para determinar se o conhecimento da espécie estava relacionado ao seu nível de escolaridade. Identificámos quatro níveis: nível primário sem o CEP(a), nível primário com o CEP(b), nível secundário sem o BEPC(c) e finalmente nível secundário com o BEPC(d). Observámos que os indivíduos do nível primário estavam mais familiarizados com a espécie do que os do nível secundário. Consequentemente, o conhecimento da espécie não depende do nível de escolaridade.

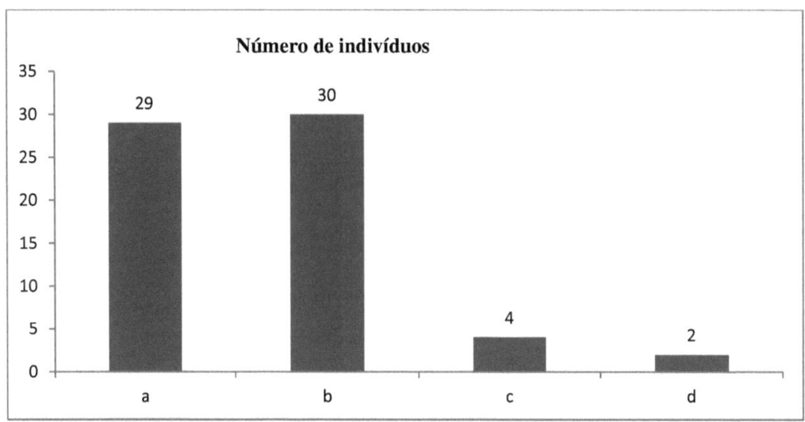

Figura 16: Diagrama do conhecimento das espécies de acordo com o nível de escolaridade

IV.2 DEBATES

IV.2.1 Alteração da copa das árvores no Parque Nacional de Bakossi

A técnica de teledeteção utilizada para avaliar as alterações nos habitats do tagarela-de-bico-branco no Parque Nacional de Bakossi revela que houve uma diminuição da área de floresta densa, savana e solo nu entre 2006 e 2018, enquanto no mesmo período as áreas de floresta secundária e de actividades humanas aumentaram. Este resultado confirma que a criação do PNB não foi acompanhada pela proteção do coberto florestal. Este estudo é semelhante aos realizados nas Colinas de Rumpi (Noroeste) dos Camarões por Mukete *et al* (2018) e no Monte Camarões em 2016 por Guetse Francis, que mostraram uma diminuição da área de floresta densa na Colina de Rumpil (um dos locais importantes para a conservação do Babbler de Garganta Branca). Tendo em conta a perda crescente de áreas de floresta densa nos locais de distribuição do tagarela-de-bico-branco nos Camarões, notamos uma diminuição de 13% em 12 anos no Bakossi, ou seja, uma perda anual de 1,08% por ano, 14% em 25 anos no sudoeste em Lebialem-Mone de acordo com Takem-Mbi e Ngoufo (2015) e também nas colinas de Rumpill de acordo com Mukete et al (2018). Esta perda de área é semelhante à relatada na literatura para a África Ocidental (1%) e a África Central (0,6%), de acordo com Puig (2001). Dado que o tagarela-de-bico-branco é um especialista em floresta primária (Danjuma *et al.;* 2014) e que a desflorestação tem um impacto negativo na biodiversidade (Gibson *et al.;* 2011), podemos prever a extinção do tagarela-de-bico-branco nas próximas décadas se nada for feito para mitigar a conversão da cobertura florestal em terras agrícolas. A mesma observação foi feita por Takem-Mbi em 2013, quando notou uma redução da floresta e um aumento das paisagens rurais na Reserva Florestal de Bafut-Ngemba no Noroeste dos Camarões.

Tendo em conta as observações feitas acima, podemos concluir que o crescimento da população humana aumenta a necessidade de recursos e, consequentemente, a exploração dos recursos florestais, o que aumenta o risco de perda de diversidade biológica. Este risco é ainda maior em regiões onde a economia se baseia na agricultura, como é o caso de África (William, 1900). Este estudo mostra que a utilização de imagens de satélite é um método adequado para fornecer informações rápidas sobre grandes áreas relativamente ao grau de alteração do coberto e da utilização de um ambiente.

Figura 17: Habitat utilizado pela toutinegra-de-bico-branco.

A literatura sobre o estado de conversão do coberto vegetal do Bakossi revela que a degradação está a aumentar com a venda de terras a estrangeiros pelos nativos para a criação de vastas plantações de palma e cacau. A CDC é reconhecida como o maior proprietário de terras do sudoeste (Lairds et al., 2007; Miavita, 2011). Desde a crise económica dos anos 80 nos Camarões, as pessoas tornaram-se independentes da terra, segundo Schmid Soltau (2003).

IV.2.2 Factores de ameaça observados no local de estudo

O tagarela-de-bico-branco é uma espécie de ave globalmente ameaçada (Borrow e Demey, 2004). As discussões com as autoridades do PNB, guias e aldeões revelam que a agricultura é a principal ameaça para o Babuíno de Garganta Branca (ver Figura 9), uma vez que contribui para a conversão das florestas em plantações agrícolas. Pensa-se que este facto se deve ao aumento do preço do cacau para 1225 FCFA/kg em 2007 (Elong, 2011). Este aumento do preço motivou muitos indivíduos a investir na criação de plantações de café e cacau, que encontrámos no parque. Estas plantações eram mais comuns na aldeia de Deck. Vários autores afirmaram que o desenvolvimento de actividades humanas como a agricultura tem um impacto imediato no uso do solo e um impacto direto na cobertura florestal (Mather e Needle, 2000; Geist e Lambin, 2002; Jansen *et al.;* 2008), a mesma observação foi feita por Momo solefact em 2018 em Koupa-Matapit no departamento de Noun. Esta mudança aumenta o risco de perda de diversidade biológica (William, 1990). Para além da agricultura, observámos: armadilhas não selectivas, vestígios de incêndios florestais, invólucros de cartuchos e abate de árvores para obter campos de cultivo e madeira para habitações como casas, escolas e igrejas. Estima-se que o crescimento populacional seja responsável por 20% da alteração do coberto florestal (ver Figura 9). Este valor é bastante superior ao obtido no sudoeste dos Camarões em Lebialem-Mone por Takem-Mbi em 2015. Em 2010, 52% da população do Sudoeste dos Camarões vivia em zonas rurais (BUCREP, 2010b). Este fator aumenta a necessidade de terra para cultivar e de madeira para construir casas de madeira.

Dos cinco tipos de habitat amostrados, i.e. floresta densa, floresta secundária, savana arbustiva, savana herbácea e campos cultivados, a taxa de ocorrência em floresta densa foi de 87% nas 30 estações onde a espécie foi observada. Isto deve-se ao facto de a toutinegra-de-bico-branco ser uma ave especializada em florestas primárias com copas fechadas, mas é frequentemente observada em florestas secundárias (Danjuma *et al.;* 2014). Este resultado corrobora um estudo realizado na Costa Rica que mostra que a floresta é o habitat primário da maioria da avifauna limitada e que as aves são muito vulneráveis à desflorestação (Vicencio Oostra *et al.;* 2008; Birdlife international 2013). Esta taxa de encontro é nula em savanas arbustivas, savanas herbáceas e campos cultivados. É compreensível que a toutinegra-de-bico-branco seja sensível a habitats alterados por actividades humanas.

II.2.3 Ameaças à extinção da toutinegra-de-bico-branco

O crescimento da população em Bakossi está a aumentar a necessidade de recursos, o que, por sua vez, está a levar a alterações na área florestal devido à agricultura. Mais de 90% da população depende da agricultura para a sua subsistência, tendo cada indivíduo uma média de três parcelas de terra. A nível mundial, 50% das florestas tropicais foram gravemente degradadas ou convertidas em agricultura (Wright 2005; FAO 2007; Stork *et al.;* 2009). A mesma observação foi feita em Oku por Solecfack *et al* (2012) e em Rumpi Hills por Mukete *et al* (2018), onde se registou uma perda de área florestal devido à conversão em terras agrícolas. A principal causa da desflorestação é a conversão de terras em parcelas cultivadas, seguida do abate de árvores e, finalmente, a passagem do fogo (Solefack *et al.;* 2012). Muitos homens estavam familiarizados com a espécie, o que se justifica pelo facto de os homens cultivarem durante o dia e irem caçar à noite. Ao contrário das fêmeas, que não tinham qualquer conhecimento da espécie, compreende-se que as fêmeas estejam mais envolvidas na agricultura, apesar de os campos aráveis não serem um habitat utilizado pela toutinegra-de-bico-branco.

De acordo com Senapathi *et al. (2007)*, as alterações nos habitats de floresta densa de que depende a sobrevivência do papagaio-de-garganta-branca são causadas por incêndios florestais regulares, que representam uma grande ameaça para a conservação desta espécie. A degradação do habitat teria um impacto negativo na conservação desta espécie, tal como observado no caso dos papagaios cinzentos nos Camarões (Tamungang *et al.*, 2014).

CONCLUSÃO

No final deste estudo, que teve como objetivo avaliar o nível de alteração e os factores de degradação do habitat da toutinegra-de-bico-branco, podemos afirmar que a restante população desta espécie ainda presente neste local se encontra dispersa nas florestas primárias e raramente nas florestas secundárias. A sua probabilidade de ocorrência é elevada na floresta primária (75%) e baixa na floresta secundária (25%). Este facto mostra que a floresta primária é o habitat mais utilizado pela toutinegra-de-bico-branco. A presença da toutinegra-de-bico-branco foi registada globalmente em 29% em todas as estações de estudo. A área de floresta densa, savana e solo nu diminuiu entre 2006 e 2018, em resultado da desflorestação e dos incêndios florestais. Durante o mesmo período, verificou-se um aumento da cobertura florestal secundária e das actividades humanas (plantações de culturas, infra-estruturas) devido ao abate de árvores. Os índices antropogénicos contribuíram significativamente para a perda de habitat do tagarela-de-bico-branco. O crescimento das plantações e a desflorestação estão a provocar a conversão do coberto florestal em agricultura e a perda de habitat para as espécies de aves. É compreensível que a criação do Parque Nacional de Bakossi não tenha abrandado o ritmo da desflorestação. No entanto, para atenuar as ameaças responsáveis pela perda de habitat da toutinegra de garganta branca, propomos: a demarcação do PNB, o reforço das patrulhas e o incentivo à agricultura sustentável, e o incentivo à população local para reflorestar fora do parque.

RECOMENDAÇÕES

Os resultados deste estudo levam-nos a fazer as seguintes recomendações:

- ➢ **Ao Governo dos Camarões**
  - Sensibilizar a população local para a luta contra a desflorestação;
  - Organizar patrulhas no PNB para limitar a pressão da caça;
  - Limitar o PNB para privar a população do acesso aos espaços e recursos do parque;
  - Incentivar a agricultura perene de café e cacau fora do parque;
  - Sensibilizar a população local para a luta contra os incêndios florestais nas savanas e florestas.
- ➢ **Para as ONG**
  - Orientar o plano de desenvolvimento do PNB para proteger as aves
- ➢ **Ao público**
  - Evitar a utilização da agricultura de corte e queima nas savanas e florestas;
  - Deixem de cortar madeira no parque e façam-no fora do parque de uma forma racional;
  - Deixar de cultivar dentro do PNB;

PERSPECTIVAS

Para o futuro, estamos a olhar para a frente:

- ❖ Reavaliar a dimensão da população de toutinegra de garganta branca no PNB;
- ❖ Determinar o efeito das actividades humanas na distribuição da toutinegra de garganta branca;
- ❖ Estudar a ecologia da toutinegra de garganta branca para compreender o seu papel no equilíbrio do ecossistema.

REFERÊNCIAS

Addisu Asefa, Andrew B. Davies,2b Andrew E. Mckechnie,1 Anouska A. Kinahan, e Berndt J. Van Rensburg2: Efeitos da perturbação antropogénica na diversidade de aves nas florestas montanhosas da Etiópia: American ornithology: Volume 119, 2017, pp. 416-430

Achard, F., H. Eva, H.-J. Stibig, P. Mayaux, J. Gallego, T. Richards, e J.P. Malingreau (2002). Determinação das taxas de desflorestação das florestas tropicais húmidas do mundo. Science 297: 999-1002.

Análise: uma abordagem geográfica da proteção da diversidade biológica. Wildlife Monogr. 123: 1-41.

Arnold e Jongma (1997) Firewood and charcoal in developing countries an economic survey. *Unasylva*, 29, 2 - 9

Austin, O. L. 1987. Birds of the world: a guide to the 185 bird families. Twickenham.country life Books.

Bakossi Tribe in Cameroon-BACDA, workong forits empowerment and development, por Denise Nanni e Milena Rampoldi, promosaik, 2017.

Bamba, I., Y.S.S. Barima, e J. Bogaert (2010). Influência da densidade populacional na estrutura espacial de uma paisagem florestal na Bacia do Congo, R, D. Congo. Tropical Conservation Science 3, no. 1: 31-44.

Bawa, K.S., e S. Dayanandan. 1997. Socioeconomic factors and tropical deforestation. Nature 386: 562-563.

Bibby, C. J., Burgess, N. D., Hill, D. A., e Mustoe, S. (2000). Bird census biocultural diversity in migrant and indigenous livelihoods around Mount Cameroon. Diversidade internacional e cultural nos meios de subsistência locais. Biodiversity and Conservation 16: 2401-2427.

Bierregaard, Jr. R. O., Gascon, C., Lovejoy, T. E. & Mesquita, R. 2001. Lessons from Amazonia: The Ecology and Conservation of Fragmented Forest. Yale University Press, Londres. 478pp. BirdLife International (2000). Threatened birds of the world. Barcelona e Cambridge, Reino Unido: Lynx Edicions e BirdLife International. 852pp.

Birdlife international 2008, Bird conservation international (2008): Implications for deforestation for the abundance of restricted-range bird species in a Costra Rican cloud-forest,

BirdLife International. (2003). BirdLife's online World Bird Database: the site for bird conservation.Version2.0.Cambridge, UK: BirdLife International. Disponível: http://www.birdlife.org (acedido em 4/12/2003)

BirdLife International. (2016).Pternistiscamerunensis. The IUCN Red List of ThreatenedSpecies2016:e.T22688340A93193443.http://dx.doi.org/10.2305/IUCN.UK.2 0163.RLTS.T22688340A93193443.en

BirdLifeInternationaleand nature Serve (2014). Mapas de distribuição de espécies de aves do mundo.2012. *Phylloscopussibilatrix*. A lista vermelha de espécies ameaçadas da IUCN. Versão 2015.2

BirthLifeInternational. (2000). Threatened Birds of the World. Barcelona e Cambridge, Reino Unido: Lynx Edicions e BirdLife International.

Borrow, N e Demey, R. **(2004)**, Field guide to the birds of western Africa. Christopher Helm, Londres. 510pp

Boudjemad, K., Lecomte, J. e Clobert, J. (1999). Influência da conetividade na demografia e dispersão em dois habitats contrastantes: uma abordagem experimental. Journal of Animal Ecology 68: 1207-1224.

Brooks, T. M., Pimm, S. T., Kapos, V. e Ravilious, C. 1999. Threat form deforestation to montane and lowland birds and mammals in insular Southeast Asia. Journal of Animal Ecology 68: 1061-1078.

Burgess, R. L. e Sharp, D. M. 1981. Forest island dynamics in man dominated landscapes (Dinâmica das ilhas florestais em paisagens dominadas pelo homem). SpringerVerlag, Nova Iorque, E.U.A. 239pp

Carole e Patrick Triplet (2012): Manuel de Gestion des Aires Protégées d'Afrique Francophone.

Programa Regional da África Central para o Ambiente (2006). A floresta da bacia do Congo. Estado da floresta (http://carpe.umd.edu/documents, acedido em 27/03/2013).

Cerutti, O., V. Ingram, e D. Sonwa. 2009. Cameroon's forests in 2008. Em Les forêts du bassin du Congo: État des forêts 2008, eds. C. De Wasseige, D. Devers, P. De Marcken, R. Eba'a Atyi, R. Nasi, e P. Mayaux, 45-59. Luxemburgo: Office des publications de l'Union Européenne.

Chace, J. F., e J. J. Walsh (2006). Efeitos urbanos na avifauna nativa: uma revisão. Landscape and Urban Planning 74:46-69.

Cibois, A. 2003. Filogenia do ADN mitocondrial de tagarelas (Timaliidae), Auk 120: 35-54. Seth de Rabi Flickr (2012): Borda da floresta montana da Reserva de Becheve, Planalto de Obudu, Sudeste da Nigéria: 26 de junho de 2012.

Collar, N. J. e Stuart, S. N. 1985. Threatened Birds of Africa and related Island. O Livro Vermelho de Dados do ICBP/IUCN. Conselho Internacional para a Preservação das Aves (ICBP) e União Internacional para a Conservação da Natureza e dos Recursos Naturais, Cambridge, Reino Unido e Gland, Suíça. 761pp.

Collar, N. J. and Robson, C.2007.family Timaliidae(Babblers) pp.70-291 in; del Hoyo, Elliott. E Christie, D.A. eds. Handbook of the birds.vol 12. Picathartes to Tits and Chickadees. Lynx Edicions, Barcelona.

Danjuma, D.F., Mwansat, G. S. Manu, S. S: Os efeitos da utilização e da fragmentação dos terrenos florestais nas toutinegras da montanha de garganta branca (Kupeornis gilberti), uma espécie de ave globalmente ameaçada no planalto de Obudu, sudeste da Nigéria: Ethiopian Journal fo Environmental Studies & Management 7 Suppl: 765-779; 2014

Dhindsa, M.S., Saini, H. K., Saini, M. S. e Toor, H. S. 1995. Food of jungle Babbler and common Babbler: A comparative study. Journal of the Bombay Natural History Society 92 (2): 182-189.

Dowsett-Lemaire, F. &Dowsett, R. J. (2000). Further biological surveys of birds in Cameroon.

Duveiller, G., P. Defourny, B. Desclée, e P. Mayaux. 2008. Deforestation in Central Africa: Estimates at regional, national and landscape levels by advanced processing of systematically-distributed landsat extracts. Sensoriamento Remoto do Ambiente 112: 1969-1981.

Elong, J.G. (2011). A elite urbana no projeto de revitalização do cacau da Société de Développement du Cacao (SODECAO) na floresta dos Camarões. Em J.G. Elong, (ed.). L'élite urbaine dans l'espace agricole africain: exemples Camerounais et Sénégalais.Harmattan, Paris, 85-93

UE. 2009. Estudo sobre a compreensão das causas da perda de biodiversidade e o quadro de avaliação das políticas. In: O contexto do contrato-quadro n.º DG ENV/G.1/FRA/2006/0073. Contrato específico n.º DG.ENV.G.1/FRA/2006/0073.

Eva, H., S. Carboni, F. Achard, N. Stach, L. Durieux, J.-F. Faure, e D. Mollicone. 2010. Monitorização de áreas florestais desde o nível continental ao territorial utilizando uma amostra de imagens de satélite de média resolução espacial. ISPRS Journal of Photogrammetry and Remote Sensing 65: 191-197.

FAO 2015. Avaliação global dos recursos florestais 2000, relatório principal. Documento florestal da FAO 140. FAO, Roma. Pp 562

Franklin, A. B. , Noon, R. R. e George, T. L. 2002. What is the effect of fragmentation on the birds in western landscapes? Estudos em Biologia Aviária 25: 20-29

Franklin, S.E., Moskal, L.M., Dickson, E.E., Farr, D.R. & Hansen, M.J. 2000. Quantificação da mudança de paisagem a partir de sensoriamento remoto por satélite. Para. Chron. 76: 877-886.

Fuller, R. A.; Carroll, J. P.; McGowan, P. J. K. 2000. Perdizes, codornizes, francolins, galos-das-neves, galinhas-d'angola e perus. Estudo do estado e plano de ação de conservação **2000-2004**. IUCN e World Pheasant Association, Gland, Suíça e Cambridge, Reino Unido.

GFRA (Avaliação Global dos Recursos Florestais), 2010. A avaliação global dos recursos florestais

Gill, F e D Donsker(Eds).2013. Base de dados mundial de aves do COI. Lepage, D.2013

Gilliard, E. T. 1958. Living birds of the world. Hamish Hamilton. Londres.

Gottschalk, T.K., Huettmann, F. & Ehlers, M. (2005). Trinta anos de análise e modelação das relações entre o habitat das aves e os dados de imagens de satélite: uma revisão. Int. J. Remote Sens.26: 2631-2656.

Gove, A. D., K. Hylander, S. Nemomisa, e A. Shimelis (2008). Ethiopian coffee cultivation-Implications for bird conservation and environmental certification. Conservation Letters 1: 208-216.

Grubbler A. (1990) Technology in the earth as transformed by human action eds B.L Turner, II, W.C Clark, R. W. Kates, J.E. Richards, J. T Mathews,

Hansen, M. C., Potapov, P. V., Moore, R., Hancher, M., Turubanova, S. A., Tyukavina, A., Townshend, J. R. G. (2013). Mapas globais de alta resolução da mudança de cobertura florestal do século XXI. Science, 342, 850-853.

IUCN (2014). Lista Vermelha da IUCN. *Descarregado de http://www.iucnredlist.org em 26/03/2014http://www.redlist.org/.*

IUCN, (2006). Lista Vermelha de Espécies Ameaçadas da UICN de 2006. Disponível em http://www.iucnredlist.org. Em 02/06/2012.

IUCN (2016) A Lista Vermelha de Espécies Ameaçadas da IUCN. Versão 2016-3. Disponível em: www.iucnredlist.org.(Acedido em: 07 de dezembro de 2016).

Jansen, J.M.L., M. Bagnoli, e M. Focacci. 2008. Análise da dinâmica de mudança de cobertura/uso da terra na província de Manica em Moçambique num período de transição (1990-2004). Forest Ecology and Management 254: 308-326.

Johnston, C.A. 1998. Geographical Information Systems in Ecology (Sistemas de Informação Geográfica em Ecologia). Oxford: Blackwell Science.

Kerr, J.T. & Ostrovsky, M. 2003. From space to species: ecological applications for remote sensing. Trends Ecol. Evol. 18: 299-305.

Kirby, K. R., Laurance, W. F., Albernaz, A. K., Schroth, G., Fearnside, P. M., Bergen, S., & Venticinque E. M. (2006). O futuro do desmatamento na Amazônia brasileira. Futuro 38: 432-453.

Laird, S.A., Awung, G.L. &Lysinge, R.J. (2007).Explorações de cacau na região do Monte Camarões: aspectos biológicos

Lambin EF, Geist HJ, Lepers (2003). Dynamics of land-us and land-cover change in tropical regions (Dinâmica da mudança de uso e cobertura da terra em regiões tropicais). Ann. Rev.Environ. Res. 28: 205-241.

Laurance, W.F. (2006). Have we overstated the tropical biodiversity crisis? Trends Ecol. Evol. 22: 65-70.

Lepers, E., E.F. Lambin, A.C. Janetos, R. Defries, F. Achard, N. Ramankutty, e R.J. Scholes. 2005. A synthesis of information on rapid land-cover change for the period 1981-2000. Bioscience 55: 115-124.

Linder, J.M. Oates, J.F. (2011). Impacto diferencial da caça à carne de animais selvagens nas espécies de macacos e implicações para a conservação dos primatas no Parque Nacional de Korup, Camarões. Biological Conservation 144: 738-745.

Loveland, T. R., & Dwyer, J. L. (2012). Landsat: Construindo um futuro forte. Remote Sensing of Environment, 122, 22-29. http://dx.doi.org/10.1016/j.rse.2011.09.022

Malcolm L. Hunter, Jr. E James Gibbs: Fundamentals of Conservation biology; terceira edição, 2007.

Marcel Holyoak: Tagarela da montanha de garganta branca (*Kupeornis gilbert*) Terras altas de Bakossi, Camarões, 2012-04-05...102.jpg

Mariano Paracuellos: efeitos da fragmentação do habitat a longo prazo numa comunidade de aves de zonas húmidas: 1 Grupo de Investigação em Ecologia Aquática e Aquicultura, Universidade de Almería, Apdo. 110. E-04770, Adra, 4dlmería: Revue. Ecologie. (Vida na Terra), vol. 63, 2008.

Marie Caroline Momo Solefack1, André Ledoux Njouonkou2, Lucie Félicité Temgoua3, Romuald Djouda Zangmene1, Junior Baudoin Wouokoue Taffo1 & Mama Ntoupka4(2018): Mudança no uso da terra/cobertura vegetal e causas antropogénicas em torno da floresta da galeria Koupa Matapit, Camarões ocidentais: Journal of Geography and Geology; Vol. 10, No. 2; 2018

Mather, A. S., & Needle, C. L. (2000). The relationships of population and forest trends. Geographical Journal, 166, 2-13.

Mayaux, P., P. Holmgren, F. Achard, H. Eva, H.-J. Stibig, e A. Branthomme. 2005. Tropical forest cover change in the 1990s and options for future monitoring. Philosophical Transactions of the Royal Society of London B Biological Sciences 360: 373-384.

Meeta Kumari,Repórter de Ciência, janeiro de 2013

Miavita (2011). Relatório sobre a vulnerabilidade socioeconómica e a resiliência do Monte Cameroon. Projeto de colaboração - FP7-ENV-2007-1.w

Millington, A., Walsh, S. & Osborne, P.E. (eds) 2002. GIS and Remote Sensing Applications in Biogeography and Ecology. Dordrecht: Kluwer Academic.

MINEF (1994). Lei n.º 94/01, de 20 de janeiro de 1994, que estabelece os regulamentos relativos à silvicultura, à fauna selvagem e à pesca.

Mukete Beckline a, Sun Yujuna, Daniel Etongob, Sajjad Saeeda e Abdul Mannanc (2018): Avaliando os fatores de mudança no uso da terra na área protegida da floresta de Rumpi hills, Camarões: jornal de silvicultura sustentável. https://doi.org/10.1080/10549811.2018.1449121

Munu Thomas Waithaka: Uma avaliação do impacto das alterações do uso do solo no conflito entre humanos e elefantes no distrito de Laikipia West, Quénia: Uma tese apresentada em cumprimento parcial do grau de Mestre em Ciências Ambientais na Escola de Estudos Ambientais da Universidade do Quénia, maio de 2010

Murcia, C. 1995. Efeitos de borda em florestas fragmentadas: implicações para a conservação. Árvore 10: 58-62

Nagendra, H. 2001. Utilização da deteção remota para avaliar a biodiversidade. Int. J. Remote Sens. 22: 2377-2400.

Otukei, J.R. (2006). Multi-temporal analysis of the multi-spectral landsat imagery for land cover change assessment (Case study of the Bwindi Impenetrable National Park), PGD, RS/GIS dissertation, ARCSSTEE, ObafemiAwolowo University, Ile-Ife, Nigeria.Secretariat of the Convention on Biological Diversity. Global Biodiversity Outlook 2. Montreal

Oyono, P.R., C. Kouna, e W. Mala. 2005. Beneficios das florestas nos Camarões. Estrutura global, questões que envolvem acesso e soluços na tomada de decisões. Forest Policy and Economics 7, no. 3: 357-368.

Patrick Triplet (2012): Manuel de Gestion Des Aires Protégées d'Afrique Francophone.

Pekin BK, Pijanowski BC (2012) intensidade da utilização global do solo e o estado de ameaça das espécies de mamíferos. Divers Distrib 18:909-918

Pickett, S. T. A. e Thompson, J. N. (1978). Patch dynamics and design of nature reserves. Biological Conservation 13: 27-37.

Pullin, S., A.(2002). Conservation biology. Cambridge University Press 359p.

Ralph, C.J. Sauer, J.R., e Droege, S. (1995). Monitorização das populações de aves através de contagens pontuais. www.rsl.psw.fs.fed.us/projects/wild/gtr149/gtr_149.html.

Ranta, P., Blom, T.? Niemela, J.? Joensun, E. e Siitonen, M. 1998. A floresta tropical atlântica fragmentada do Brasil: tamanho, forma e distribuição dos fragmentos florestais. Biodiversidade e conservação 7: 385-403.

República dos Camarões, (1994). Lei n.º 94-01, de janeiro de 1994, que estabelece os regulamentos relativos à silvicultura, à fauna selvagem e à pesca.

Rolstad, J. 1991. Consequences of forest fragmentation on the dynamics of bird populations: concetual issues and evidence. Journal of the Linean Society of London, série B , 249-263

Rönkä, M., Tolvanen, H., Lehikoinen, E., Von Numers, M., Rautkari, M. (2008). Breeding habitat preferences of 15 bird species on south-western Finnish archipelago coast: Applicability of digital spatial data archives to habitat assessment. Journal of Biological Conservation 141: 402-416.

Rouse, J., Haas, R., Schell, J., Deering, D. & Harlan, J. 1974. Monitorização do avanço vernal da retrogradação da vegetação natural. Relatório final. Greenbelt, MD, EUA, 371p.

Roy, P.S. & Tomar, S. 2000. Biodiversity characterization at landscape level using geospatial modelling technique. Biol. Conserv. 95: 95-109.

Sala Oe, Chapin Js, Chiozza F et al (2008) the status of the world's land and marine mammals: diversity, threat, and knowledge.Science 332:225-250

Sala, O.E., Chapin Iii, F.S., Armesto, J.J., Berlow, E., Bloomfield, J., Dirzo, R., Huber-Sanwald, E., Huenneke, L.F., Jackson, R.B., Kinzig, A., Leemans, R., Lodge, D.M., Mooney, H.A., Oesterheld, M., Leropoff, N., Sykes, M.T., Walker, B.H., Walker, M., & Wall, D.H. (2000). Global biodiversity scenarios for the year 2100. Science 287: 1770-1774.

Schmidt-Soltau, K. (2003). Rural livelihood and social infrastructure around Mount Cameroon. Projeto Monte dos Camarões, Buea, Camarões.

Scott, J.M., Davis, F.W., Csuti, B., Noss, R., Butterfield, B., Groves, C., Anderson, H., Caicco, S., D'erchia, F., Edwards, T.C. Jr, Ulliman, J. & Wright, R.G. 1993. Gap

Secretariado da Convenção sobre a Diversidade Biológica-SCBD (2006). ^e Handbookof the convention on biological diversity including its Cartagena protocol on bio-safety, 3 edition, Montreal, Canada.

Sekercioglu, C. H. (2002). Effects of forestry practices on vegetation structure and bird community of Kibale National Park, Uganda. Biological Conservation 107:229-240.

Senapathi,D.,Vogiatzakis,I.,N.,Jeganathan,P.,Gill,J.,Green,R.,E.,Bowden,R.,G.,C.,Rahm ani,R.,A., Norris, K. (2007). Use ofremote sensing to measure change in the extent of habitat for the critically endangered Jerdon's Courser Rhinoptilusbitorquatusin India.Journal compilation © **2007** British Ornithologists' Union.149: 328-337

SHIIWUA MANU, INAOYOM SUNDAY IMONG E WILL CRESSWELL: Riqueza e diversidade de espécies de aves em sítios montanhosos da Área Importante para as Aves (IBA) no sudeste da Nigéria. Bird Conservation international(2010)20:231-239

Sibley, C. G. e Marone, B. L, Jr. 1990. Distribution and Taxonomy of Birds of the World (Distribuição e Taxonomia das Aves do Mundo). Yale University Press. New Haven

Stork, N.E., J.A. Coddington, R.K. Colwell, R.L. Chazdon, C. W. Dick, C.A. Peres, S. Sloan e K. Willis. 2009. Vulnerability and resilience of tropical forest species to land-use change. Conservation Biology 23: 1438-1447.

Takem-Mbi, B. M. (2013). Avaliação da alteração do coberto florestal na Reserva Florestal de Bafut-Ngemba (BNFR), região Noroeste dos Camarões, utilizando a deteção remota e o SIG. Revista Internacional de Política e Investigação Agrícola Vol.1 (7), pp. 180-I87 setembro de 2013, Disponível online em http://journalissues.org/ijapr/.

TakemMbi, B.M., e Roger, N. (2015). Conservação do gorila do rio Cross (Gorilla gorilladiehli) numa paisagem em mudança da floresta Lebialem-Mone, Região Sudoeste, Camarões. Revisão do programa de estudos 6 (1), 2015: 127 - 153

Tamungang, S. A., Cheke, R. A., Mofor, G. Z., Tamungang, R.N., e Oben, F.T. (2014). Preocupação com a conservação da deterioração da faixa geográfica do papagaio cinzento nos Camarões. Revista Internacional de Ecologia. Volume 2014 (2014), Artigo ID 753294, 15 páginas. Disponível online em http://dx.doi.org/10.1155/2014/753294.

Titeu, N., Henle, K., Mihoub, J.B., Regos, A., Geijzendorffe, I., Cramer, W., Verburg , P., e Brotons, L. (2016). Cenários de biodiversidade negligenciam futuras mudanças no uso da terra. Biologia das Alterações Globais, doi: 10.1111/gcb.13272

Toyi, M.S, Barima Y.S.S, Mama, A., André, M., Bastin, J-F., De Cannière C., Sinsin, B., Bogaert, J. 2013.A plantação de árvores não compensará a perda de cobertura vegetal lenhosa natural no departamento atlântico do sul do Benim. Tropicultura, 31: 62-70.

Trumper, K, Bertzky, M, Dickson, B. , Van Der Heijden, G, Jenkins, M, Manning, P. (2009). The Natural Fix? The role of ecosystems in climate mitigation. Uma avaliação de resposta rápida do PNUA. Programa das Nações Unidas para o Ambiente, UNEP6WCMC, Cambridge, Reino Unido.

IUCN/PAPACO. (2009). *Património Mundial Natural na África Ocidental: estatuto, valores de conservação e estratégias de conservação.*

Vicencio Oostra, Laurens G.L; Games e Vicent Nijman: Implications of deforestation for the abundance of restricted-range bird species in a Costa Rica.

Vie, J. C, Hilton-Taylor, C. e Stuart, Sn. Eds (2009). Wildlife in a changing world-an analysis of the 2008 IUCN Red List of threatened species [Vida selvagem num mundo em mudança - uma análise da Lista Vermelha de espécies ameaçadas da IUCN de 2008]. Gland, Suíça: IUCN. Walsh, P.D., Tutin, C.E.G.? Oates, J.F.? Baillie, J.E.M, Maisels, F., Stokes, E.J., Gatti, S., Bergl, R.A., Sunderland-Groves, J. e Dunn,A. (2008). Gorila gorila. In: IUCN 2012. Lista Vermelha das Espécies Ameaçadas da IUCN. Versão 2012.1. (avaliada em 22 de agosto de 2012, a partir de www.iucnredlist.org).

Wafo, T.G., M.T. Demaze, e J.-M. Fotsing. 2006. L'information spatialisée comme support d'aide à la gestion des aires protégées au Cameroun: Application à la réserve forestière de Laf-Madjam. Comunicação apresentada no Colóquio Internacional "Nature-Society Interactions, Analysis and Models", 3-6 de maio, em La Baule, França.

Walters, M. 1994. Bird's eggs. Dorling Kindersley. Londres

Wang, X.L., Bao, Y.H. 1999. Estudo sobre os métodos de investigação da mudança dinâmica do uso do solo. Programa de Geografia, 18: 83-89.

Wilcove, D. S., Mclellan, C.H.& Dobdon, A. P. 1986. Fragmentação do habitat na zona temperada, pp237-256. In: Conservation Biology: the science of scarcity and diversity. Sinuaer, Sunderland, MA.

Wilcox, B. A. 1980. Insular ecology and conservation. - In: soulé, M. E e Wilcox, B.A.(eds), conservation biology: an evolutionary-ecological perspective. Sinuaer, Sunderland, MA? pp. 95-117

William J. Sutherland, Iamn Newton, Rhys E. Green: Ecologia e conservação de aves. Oxford Biology: A handbook of technique p42- 2005

Williams, M. (1990). "Forests" in the earth as transformed by Human action eds B.L Turner, II, W.C. Clark, R.W. Kates, J.E. Richards, J.T Mathews, and W.B. Meyer, 179-201 Cambridge: University press Cambridge, United Kingdom

Zogning, A; Claudia S. Ngouanet, C; Tchoudam D; Thierry P. Bignami C; Kouokam E; Buongiorno M.F; Ilaria M: Planos de Prevenção de Riscos (PPR) e a vulnerabilidade das populações em torno dos vulcões: Estudo de caso do Monte Camarões 2010.

APÊNDICES

APÊNDICE 1

Tabela: Teste U de Mann-Whitney (c/ correção de continuidade) Percepções Os testes assinalados são significativos a p <,05000

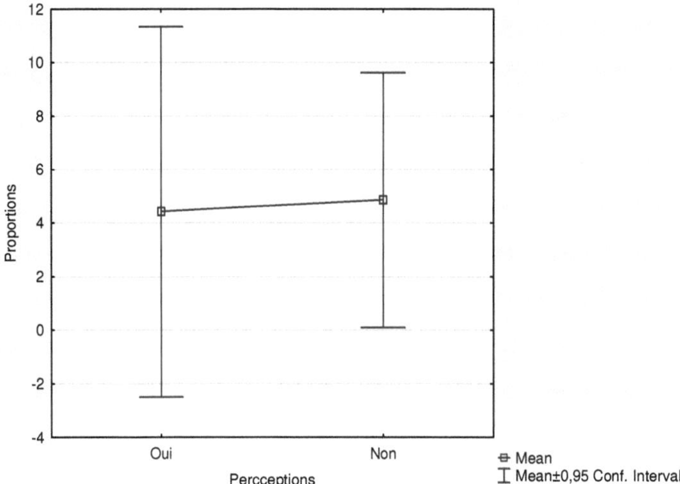

Diagrama das proporções de acordo com as percepções dos inquiridos.

APÊNDICE 3: Imagens de campo

Exemplo de conversão de uma floresta numa plantação de cacau em Deck

Exploração florestal no Parque Nacional de Bakossi

Paisagem de floresta secundária em Kodmin

Paisagem de savana em Kodmin

Caminhar para recolher dados sobre as espécies

Penas de aves

QUESTIONÁRIO PARA A POPULAÇÃO LOCAL

Este questionário foi elaborado propositadamente para obter a opinião da população local relativamente à espécie que é objeto do nosso trabalho de investigação académica, o Cigarrinho-das-torres-brancas (*Kupeornis gilberti*). As respostas recebidas nas entrevistas serão de carácter privado para cada participante. Nenhuma pessoa será obrigada a participar nesta entrevista sem o seu consentimento, ao preencher este questionário, a fim de evitar ambiguidades, o que nos permitirá obter bons resultados, para o benefício da dúvida, para melhor manter a sua população para a sustentabilidade a longo prazo.

Nome: .... date..../..../201....localization ....hour:

Endereço: .... sexo: ....nacionalidade: ....

Região de origem: .... profissão: ....

1. Conheces a toutinegra de garganta branca (*Kupeornis gilberti*)?

a) Sim.............. b) Não.............

2. Alguma vez viste este pássaro?

a) Sim .... b) Não .... Se sim, onde?

a) floresta ....b) savana ....c) terras agrícolas ....d) outros... ......

3. Como se chama esta ave no teu dialeto? ....

4. Como é que esta ave é importante para ti? ....

4. Come esta ave? a) Sim ....b) Não ....

Se não, porquê? ....

Se sim, como é que se captura esta ave? ....

5. Com que frequência vês esta ave? ....

6. a) Há alguma estação do ano em que as aves sejam mais abundantes? a) sim...................

 b) No................

b) Em caso afirmativo, em que estação? a) estação das chuvas ....

b) estação seca.......................

7. Em que altura do dia é que a ave é normalmente vista? a) de manhã......... b) ao meio-dia...........

c) noite ....

8. a) Na tua opinião, a área de superfície da floresta diminui com o tempo?

 a) sim .... b) não .... em caso afirmativo agricultura: .... incêndio de matos: .... aumento da população: .... Exploração da madeira: ...... Exploração doméstica: .... Lenha: ......

8. b) Em caso afirmativo, quais são os agentes que estão a causar a diminuição?

a) agricultura......... b) pastoreio..................c) exportação por algumas organizações (qual delas)?...................................d) outras......................

9. Como podes identificar esta ave no seu habitat?

a) contacto visual................... b) chamadas vocais....................c) outros........................

10. De que se alimenta o pássaro? ....

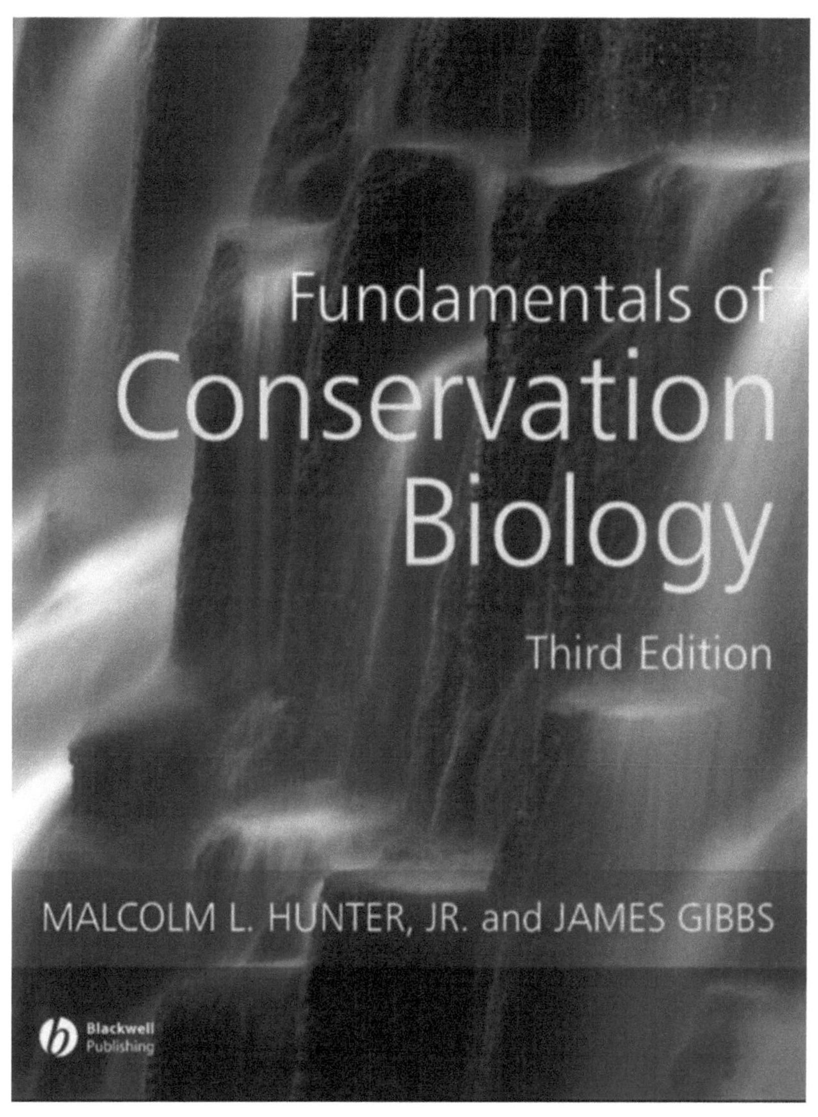

Fundamentals of
Conservation
Biology
Third Edition
MALCOLM L. HUNTER, JR. and JAMES GIBBS
Blackwell
Publishing

Printed by Books on Demand GmbH, Norderstedt / Germany